城乡统筹规划方法

李惟科 著

中国建筑工业出版社

图书在版编目（CIP）数据

城乡统筹规划方法／李惟科著. —北京：中国建筑工业出版社，2015.6

ISBN 978-7-112-18140-7

Ⅰ.①城… Ⅱ.①李… Ⅲ.①城乡规划－中国 Ⅳ.①TU984.2

中国版本图书馆CIP数据核字（2015）第104307号

责任编辑：郑淮兵　王晓迪
责任校对：张　颖　赵　颖

城乡统筹规划方法

李惟科　著

*

中国建筑工业出版社出版、发行（北京西郊百万庄）

各地新华书店、建筑书店经销

北京锋尚制版有限公司制版

北京君升印刷有限公司印刷

*

开本：965×1270毫米　1/32　印张：7¾　字数：236千字

2015年7月第一版　2015年7月第一次印刷

定价：38.00元

ISBN 978 – 7 – 112 – 18140 – 7

（27345）

前　言

　　中国社会未来发展的主旋律是新型城镇化，推进新型城镇化的主要方法是统筹城乡发展，统筹城乡发展是完善社会主义市场经济的内在需求，也是我国全面建成小康社会和实现现代化的国家战略。城乡统筹规划是这一中国特定历史时期系统性的城乡发展策略和社会治理构架，城乡统筹规划具有促进城乡一体化发展的作用已经成为社会各界的共识，正逐步成为我国各级地方政府行政作为的重要组成部分。

　　总的来说，目前我国城乡统筹规划的研究与实践是紧密围绕新型城镇化发展这一主线的，伴随城镇化的快速发展，城乡统筹规划在实践中系统有序推进，初步建立了具有中国特色的城乡统筹规划体系。但是由于规划理论支撑不足，对方法论的认识又存在偏差，还有部分的技术方法尚未成熟就加以应用，从而导致了规划实践中的种种问题，比如规划方法不适用，或是规划方法在现有架构下难以施展。这些矛盾或者说认识上的偏差影响了区域城乡一体化的发展。

　　本研究从梳理现行的城乡统筹规划研究与实践着手，分析当前城乡统筹规划的实施成效，总结得失，明确问题。在此基础之上，对城乡统筹规划进行了理论拓展，以城乡规划的理论转向为依据，提出了城乡统筹规划的多元方法论路径，丰富了对城乡统筹规划方法的认识，建立了基于逻辑层、支撑层和运作层的三层城乡统筹规划方法体系。

　　以城乡一体化为目标的新型城镇化之路，绝非"毕其功于一役"的社会革命，而是以人文本位为核心，逐步撑起一个立体的新型发展结构，最后形成以人的发展为主要脉络并一以贯之的社会系统。这就要求城乡统筹规划在实践中不断完善，脱离直觉规划，走向系统规划。本书论述了这一规划转型的过程，并认为中国未来的改革需要关注三件事：边缘革命、区域竞争和思想市场。城乡统筹规划的具体方法与这三件事密切相关。首先，应在城乡统筹规划方面建立全社会共同的底线，目的在于规范市场，优化服务；面对区域竞争，城乡统筹规划应以全民规划为导向，纠正地方政府的偏好和干预，利用规划指引的方式迅速介入地方城乡发展中的现实问题和矛盾；为了实现城乡思想市场[1]的长久持续繁荣，城乡统筹规划应本着和合共生的文化理念，以和而不同的态度容纳文化的多样性，从而发挥乡土文化的持续创造力。城乡统筹规划的具体方法可以概括为持守底线、顺势而为和周遍含容[2]。从长远来看，中国未来改革的最根本动力是城乡思想市场的共同繁荣，周遍含容的精神内涵与"以道观之，物无贵贱"相吻合，城乡思想市场观念的水位平齐之后，城乡才都可以获得自身价值从而真正实现城乡一体，所以人文主义和批判精神是城乡统筹规划的向度，也是城乡统筹规划脱离单向度规划的关键所在。

按照上述研究思路，本书的内容和逻辑结构为：

第1章系统总结了国内外统筹城乡发展相关研究的现状，深入分析了城乡统筹思想的演进脉络，介绍了国内城乡统筹规划的研究与实践工作的开展情况，同时对相关理论也进行了背景性质的描述，重点叙述了新型城市化理论对于中国城乡规划的影响。在第1章中，明确了研究背景、意义和主要内容，建立了本书的框架结构。

第2章是对我国现行城乡统筹规划类型与规划方法的深入分析。首先进一步界定了城乡统筹规划的概念，提出了城乡统筹规划的分类依据，在此基础之上分析了城乡统筹规划的中国特色究竟体现于何处。对于目前城乡统筹规划的得失，论文围绕规划方法展开了讨论，认为目前城乡统筹规划的问题，既存在于方法本身，也体现为规划内容与方法不匹配，究其原因，还是因为体制性的约束使得现行的方法难以充分施展。

第3章讨论的是城乡统筹规划的理论与方法。首先明确提出了一个观点，

1　诺贝尔经济学奖得主罗纳德·科斯（Ronald Harry Coasa）教授曾多次提出思想市场对中国未来改革的重要性。思想市场指的是学术、观点、言论、信仰的表达和它们相互之间的平等竞争。

2　出自东方美《哲学三慧》："无所不在曰周遍，无法不摄曰含容。"本文用以表达对于多元文化的包容态度。

即城乡统筹规划是中国城乡规划理论的拓展，体现为对原有单向度规划的革新。城乡统筹规划的理论创新体现在对空间聚集的认识、对公共事务的治理、对新型城乡关系的把握和对地方立法的探索。城乡统筹规划作为规划理论，具有否定性、批判性和超越性的向度。在理论研究的基础上，进一步讨论了城乡统筹规划方法论的路径，认为多元、理性、协同是城乡统筹规划方法论的特点。至于具体的规划方法，则需要具有针对性、综合性、规范性和创新性，为此研究建立了城乡统筹规划的方法体系，这一体系包括逻辑层、支撑层和运作层。第3章从理论拓展谈到方法体系，一贯相承、次第增进；以事实为前提，包括一连串的逻辑推证，建立了一个开展的系统。

第4章、第5章都是在论述这个系统是如何运行的。第4章描述的是城乡统筹规划这个逻辑自洽体系与真实世界的联系，也就是说这一方法体系要从法律、政策和事权三方面获得支撑，这样才能从直觉规划转变为系统规划。第5章是在谈城乡统筹规划的具体方法，在城乡转化变迁的发展过程中，一切事件都受条件的支配、束缚，而不可能有绝对的方法，因此时时陷入困境，亦即处处寻求创新。第5章虽然是在探讨规划的方法，实为论述城乡统筹规划中一贯的矛盾和矛盾不断消除的过程。城乡统筹规划方法是规划领域推动整体社会改革的努力，在边缘革命、区域竞争和思想市场这三个方面应该有所作为。城乡统筹规划的应对方法是持守底线、顺势而为和周遍含容，所以研究首先围绕城乡统筹规划如何确保城乡的发展底线展开讨论，进而探讨应对区域竞争的方法，最后讨论促进城乡思想市场共同繁荣的规划举措。

作为本研究不可分割的一部分，附录了《四川城乡统筹考察报告》。这份报告是《四川省省域城镇体系规划（2013～2030）》城乡统筹发展专题研究调研工作的组成部分，也是本研究的重要佐证。

目 录
CONTENTS

1. 导论

1.1 课题研究的背景与意义

1.1.1 研究的背景

当今中国面临三大转型，体现在发展路径、社会意识和城乡结构三个方面。具体来说，中国的发展路径正从传统城镇化迈向新型城镇化，社会意识正从单向度的形态转向多元与包容，城乡的二元结构也正在进行深刻的调整，部分地区已经构建了城乡一体的发展局面。总之，中国正在转型，并且正在遭遇转型中的各种困难与问题。

首先，中国的传统城镇化导致了中国现代化系统性失调，如果深入剖析中国传统城镇化的宏观负面效应，会发现城镇化水平虚高、城乡之间"两栖人口"的恶性循环、农民工市民化困难等诸多经济社会问题，都是传统城镇化遗留的结构性问题，而且在短时期内难以彻底消除这些结构性障碍[1]。

其次，由于传统工业化的发展，中国社会不可避免地具有单向度社会的特征，生活于其中的人成了单向度的人，人们内心中的否定性、批判性和超越性的向度被压制，这样的情况下人们不仅不再有能力去追求，甚至也不再有能力去想象与现实生活不同的另一种生活[2]。最近几年此起彼伏的农民工事件，即是这种工业社会极权主义特征的集中表现，流水线控制的并非产品，而是一个又一个的人。不难推想，我们的规划也变成了单向度的规划，表达理想的规划不能够提供与现实不同的选择，也不再具有同现实有根本区别的另一向度。

1 叶裕民，焦永利. 中国统筹城乡发展的系统构架与实施路径——来自成都实践的观察与思考［M］. 北京：中国建筑工业出版社，2013：2.
2 赫伯特·马尔库塞. 单向度的人——发达工业社会意识形态研究［M］. 刘继，译. 上海：上海译文出版社，2008：206.

再次，城乡一体化的发展，最根本的体现应是城乡社区的共同发展。随着城镇化的发展，有学者测算，未来仅在中国沿海和东部地区，就将会新增3亿人左右的社区。而由于农村合并后的组织架构不完善、治理经验的缺乏以及相关法律条例的滞后，新产生的社区会碰到很多历史上从来没有碰到的治理难题，既包括私有房屋产权和共有土地、共有财产的关系处理，也包括基层民主的发展问题[1]。社区发展的过程，也就是基层民主自然孕育的过程。这一点在四川省新农村社区发展中表现得尤其明显。中国基层民主的发展充分说明，民主并非推举圣贤，而是为了释放社会创造力[2]。统筹城乡社区发展，是中国真正迈向成熟社会的重要一步。

为了解决中国的转型之痛，统筹城乡发展成为中国的国策。叶裕民教授认为，统筹城乡发展是中国破解社会矛盾、转向新型城市化发展、实现现代化的指导纲领；中国统筹城乡发展战略的实施，使得城乡差异已绕过顶点，呈现逐步缩小的趋势。统筹城乡发展是中国现代化的必由之路，也是中国建设现代成熟社会的必经阶段。统筹城乡发展战略的提出，是我国破除城乡二元制结构、科学配置城乡资源、调整城乡关系的契机。城乡统筹的发展模式，已成为当今社会各界的共识。各级政府部门，尤其是全国统筹城乡综合配套改革试验区，已经积累了一定的统筹城乡发展实践经验。

转型的中国正在寻求出路，转型也意味着进一步推动深化改革。30多年的改革，使得一些石头露出了水面，统筹城乡发展中的问题逐渐暴露出来。下一步，用什么方法来推进改革，是中共十八大前后人们普遍关心的重要问题。纵观这30多年的改革历程，摸着石头过河、顶层设计和地方首创，曾是中国改革的方法。而目前的局面渐渐明朗，未来应是在互动中推进中国的改革和转型，包括上下互动、观念与实践互动、设计与实施互动，改革的主要线索就是统筹

---

1 潘明秋. 中国特色的"哑铃式"民主与中国社区的发展［EB/OL］. 2014.
　http://www.21ccom.net/articles/zgyj/gqmq/article_2014010698351.html
2 赖海榕. 民主并非选圣贤而在释放社会创造力［EB/OL］. 2014.
　http://laihairong.blog.21ccom.net/?p=50

城乡发展，在统筹城乡发展中调整中国的发展结构、经济结构、社会结构、人力结构和管理结构。统筹城乡发展成功与否，决定了中国未来改革的成败。

所以，本书立论，以中国的改革和转型为背景，以统筹城乡发展战略为主线，以落实发展路径、引导社会意识、调整城乡结构为基础；依据中国的城乡规划体系的现实，讨论在这样的激流中，中国的规划还需要做什么这一关键问题。

1.1.2　研究的目的与意义

城乡统筹规划的研究与实践工作，是城市规划领域对我国统筹城乡发展战略的具体落实，是我国新型城镇化进程中的规划技术保障，也是城市规划学科完善自身理论、充实规划方法的重要路径。

城乡统筹规划的研究和实践工作，经历了20多年的发展，初步形成了一些编制方法，但是由于城乡统筹规划并未纳入法定规划的体系，所以缺乏坚实明确的法理基础。关于城乡统筹规划的系统性研究较为薄弱，并未形成完整的城乡统筹规划理论和方法体系，目前尚未出台指导城乡统筹规划编制的专业规范或内容要求。在这样的背景下，为总结我国目前各类城乡统筹规划编制的作用和经验，分析各类城乡统筹规划的方法和途径；为剖析城乡统筹规划中所体现的规划思潮，并阐释规划思维的转变对于完善规划体系的意义；为建立较为完整的城乡统筹规划理论与方法体系，中国城市规划设计研究院特设立本研究项目。

目前城乡规划领域十分关心城乡统筹规划的相关研究，许多人都在推敲城乡统筹规划的意义和内容，所用的规划方法也各有不同。一种方法不通，再用别的方法，有些人便把许多人的方法聚到一起求通，于是矛盾互现，徒劳无功。出现这样的局面是因为，规划者在制定规划之前，并未明确他的思想应寄托于何种意象世界。"学易者必先知伏羲未作八卦之前是何世界"说的就是这个道理。所以本研究首先要解决的问题就是将城乡统筹规划与统筹城乡发展战略紧密结合在一起，明确规划的战略背景和规划要求，同时也对城乡统筹规划的概念范围进行科学严密的界定，知道了要做什么，才能进一步知道如何去做。

另有一个问题就是目前的城乡统筹规划还未摆脱直觉规划的阴影，直觉规划的逻辑性弱，系统性差，在物质空间规划的阶段尚能应对，但是已经不能够作为成熟社会的规划了。推敲城乡统筹规划的逻辑，提高规划的系统性，建立完备的城乡统筹规划体系，是本研究的重要目的。做到这一步，用的是将具体上升为抽象的方法，也就是将复杂的现象转化为抽象的规划思维，非如此不能构建"体系"。但是要城乡统筹规划真正发挥价值，实现规划的意义，也必然要从抽象转化为具体，寻求自己的规划逻辑自洽体系与真实世界的关系，寻找"体系"的支撑，寻求运作的方法。

所以，本研究的意义归根结底，是使城乡统筹规划的方法可以达之于物，发挥作用。这一切必须有活跃的主体从中操持，建立逻辑，建立范畴。逻辑的理性是基本，范畴是运思的条件，满足这些要素，规划方能缔造自然而成为具体的、合理的现实。

1.2　国内外研究的发展现状及分析

1.2.1　城乡统筹思想的演进脉络

（1）城乡统筹的内涵和理论基础

城乡统筹就中国而言，是指逐渐消除长期以来的城乡二元结构，缩小城乡各方面的差距，提高农业生产效益，增加农民收入，建立平等和谐、协同发展和共同繁荣的新型城乡关系，并最终实现城乡无差别的发展[1]。城乡统筹的内涵十分丰富，主要是指整个国家经济和社会各方面的发展如何做到城乡统筹。从完善社会主义市场经济的角度来看，统筹城乡发展的新型城镇化道路，要求彻底纠正城乡封闭和分割的管理体制，形成城乡一体化的市场经济体制和管理制度[2]。

从城市规划学科的视角出发，可以从城乡空间关系和城乡经济关系两个方面理解城乡统筹理论。埃比尼泽·霍华德（Ebenezer Howard）认为，城乡空间

1　宣迅. 城乡统筹论［D］. 成都：西南财经大学学位论文，2004：1-2.

2　叶裕民，李晓鹏. 统筹城乡发展是对完善社会主义市场经济体制的有效探索［J］. 城市发展研究，2012，3：42-47.

应紧密联系，城市周边始终保留一条乡村带，每一个居民既享有城市的优越性，也应能体会乡村的清新乐趣[1]。施密特继承和发扬了霍华德的田园城市理论，进一步提出了"产业—生活田园城市"的架构，并主张在城市建设中留出足够的空间进行具有休闲性质的农业劳作。刘易斯·芒福德（Lewis Mumford）也提出了城乡应关联发展的观点，并认为城乡互动发展对于保护城市人居环境是有利的[2]。

在以上经典城市规划理论的基础上，经历了"城市偏向"和"乡村偏向"的发展时期，城乡空间关系方面的理论在20世纪80年代之后，进一步向区域融合的方向发展。朗迪勒里（Dennis A.Rondinelli）提出了次级城市发展战略：加强城乡联系，特别是农村和小城市间的联系，较小城市和较大城市间的联系[3]。日本学者岸根卓郎根据日本的"第四全综国土规划"，强调城乡融合发展。他认为要建设一个能够不断向前发展，总体环境优美的美好定居之地——作为自然—空间—人类系统的"城乡融合社会"[4]。20世纪90年代中期以后，道格拉斯（Mike Douglass）的"区域发展网络模型"，从城乡相互依赖的角度，将昂温（Unwin）的理论分析框架进一步具体化为实践操作模型[5]。

新城市主义的理念在1996年5月于南卡罗来纳州的查尔斯敦市举行的第四次年会上通过的章程中得到充分的表达。新城市主义着力于在连绵的都市区内恢复现存的都市中心和城镇，重新改造向外蔓延的郊区，使之成为由真正的街坊构成的社区和多样化的地区，以保护自然环境和历史遗产[6]。新城市主义运用更加人性化的规划措施处理区域内的城乡空间关系，在抑制都市蔓延等方面有所作为。

发展经济学对理解城乡经济关系具有一定的启发作用。英国著名的发展经

1 埃比尼泽·霍华德. 明日的田园城市［M］. 金经元译. 北京：商务印书馆，2000.
2（美）刘易斯·芒福德. 城市发展史——起源、演变和前景［M］. 宋俊岭，倪文彦译. 北京：中国建筑工业出版社，2005.
3 王华，陈烈. 西方城乡发展理论研究进展［J］. 经济地理，2006，5：463-468.
4 刘荣增. 城乡统筹理论的演进与展望［J］. 郑州大学学报，2008，4：63-67.
5 薛晴，霍有光. 城乡一体化的理论渊源及其嬗变轨迹考察［J］. 经济地理，2010，11：1780-1784.
6 林广. 新城市主义与美国城市规划［R］. 美国研究，2007，4.

济学家保罗·罗森斯坦·罗丹（Paul Rosenstein-Rodan），作为均衡发展理论的代表人物，于1943年在《东欧和东南欧国家工业化的若干问题》一文中提出大推动理论，主张各工业部门要同时按照同一比例进行大规模投资，以此来实现现代化。这种过度重视工业忽视农业的做法，在推行中造成了城乡发展的不平稳。

20世纪50年代初，美国经济学家艾伯特·赫希曼（Albert O. Hirschman）在《经济发展战略》一书中提出了不平衡发展理论。在这一理论的基础上，佩鲁（Fransois Perroux）等人提出了"增长极"战略。佩鲁认为，经济增长在不同地区是不平衡的，有些地区集中了很多主导部门和具有创新能力的行业，这些地区就成了国家或地区经济的"增长极"。我国学者安虎森等对于"增长极"理论在中国的实践进行了评述。

罗斯托（Walt Rostow）在《经济成长的阶段》一书中提出的经济增长六阶段论也属于不平衡发展理论。罗斯托提出，制度方面的改革对经济起飞具有重要作用，这一理念对于我国目前城乡统筹发展中的制度创新具有重要的现实意义。

刘易斯（W.A.Lewis）在《劳动无限供给条件下的经济发展》中提出的二元经济结构理论，得到了发展经济学界的普遍重视。这一理论解释了目前我国城乡发展中的一些现象和问题，借助乔根森（Dalew. Jorgenson）和托达罗（Todaro, M. P.）的模型，可以更进一步理解我国的城乡经济关系和人口流动趋势。我国目前的城乡关系，从政策层面上的解读可能比从经济层面的解读更加透彻，所以中国学者的关注点逐渐从构建城乡统筹的经济框架转向探索城乡统筹的制度创新。经历了城乡协调关系、城乡一体化、城乡融合等发展阶段，通过马远军、袁敏等学者的研究，学术界初步形成了城乡统筹的思想框架[1]。对于城乡统筹与城乡一体化的关系、城乡关系与城市化的关系等多项关键问题，目前已形成了较为清晰的共识[2]。从思考城乡统筹的内涵，到探索城乡统筹的创新，这一转变经历了20多年的时间。

---

1 田光明. 城乡统筹视角下农村土地制度改革研究［D］南京：南京农业大学学位论文，2011：15-54.
2 赵彩云. 我国城乡统筹发展及其影响要素研究［D］北京：中国农业科学院学位论文，2008：17-23.

（2）我国城乡统筹战略的实施路径和发展趋势

城乡统筹战略的实施，需要自上而下和自下而上的双向推动。在讨论以政府为主导推动城乡统筹发展时，当前研究主要关注公共服务均等化、城乡统筹的制度创新、城乡产业布局和投资配置等问题：

中国理论界对公共服务均等化的含义尚未作出科学、全面的界定，较为恰当的理解是：公共服务均等化是指政府及其公共财政为不同利益集团、不同经济成分或不同社会阶层提供一视同仁的公共产品与服务，具体包括收益分享、成本分担、财力均衡等方面内容[1]。实现公共服务均等化是统筹城乡发展的一项重要内容，构建城乡统筹的公共服务成本分摊制度的关键在于，如何较好地体现税收的公平原则，并在公平原则上构建一个有利于广大农村居民的公平合理的公共服务成本分摊制度[2]。

朱斌认为，解决"三农"问题的根本途径是统筹城乡发展，实现城乡统筹发展的关键在于制度创新[3]，只有从义务教育、户籍制度、迁徙自由、市场准入、劳动就业、公共物品提供、民主参与等各个方面逐步取消对农民的制度性限制和制度性歧视，才是破解"三农"问题的有效之道。这一观点具有较强的现实意义。从目前各地的城乡统筹发展情况来看，制度创新是最重要的基础性工作，多数较为成功的城乡统筹发展案例都是以制度创新作为突破口的。

产业聚集与城乡统筹发展应形成良好的互动关系。我国城乡统筹发展的经验表明，通过良好的产业规划布局，发挥城市的扩散效应，建立城镇化网络体系，可以实现农村非农产业集聚发展和农村转移人口的城镇化发展目标，进而促进农业产业化发展[4]。从政府投资拉动城乡统筹发展方面来看，长期以来，我国政府财政支出均具有非农偏好，而城乡资源配置不合理，是目前资金使用效益低下的根本原因，行政审批制是投融资体制矛盾的焦点[5]。构建基于城乡统筹

1 江明融. 公共服务均等化论略 [J]. 中南财经政法大学学报，2006，3.

2 江明融. 公共服务均等化问题研究 [D]. 厦门：厦门大学学位论文，2007：143.

3 朱斌. 统筹城乡发展制度创新研究 [D]. 兰州：兰州大学学位论文，2006：64.

4 郑治伟. 城乡统筹背景下的重庆市产业集聚实证研究 [D]. 重庆：重庆大学学位论文，2010：42.

5 张蕊. 基于城乡统筹的我国投资配置研究 [D]. 哈尔滨：哈尔滨工业大学学位论文，2007：126.

的投资体制的目标模式和具体内容以及相应的配套措施，是建立与当前发展相适应的投资管理方法的关键。

自下而上的推动力是城乡统筹发展的关键要素，当前的研究热点与基层民众普遍关心的问题基本是一致的，包括农民土地权益保护、农民工市民化、农村基层社会治理等问题。

目前各地在农民土地权益保护方面进行了大量的有益探索，基本形成了一些共识，如农地使用权应在农民自愿的基础上进行有偿与充分的流转。成都是通过推行土地确权颁证这一路径保护农民土地权益的。成都在保护农民土地权益的基础上，建立了城乡交融的土地市场、资本市场和人口要素市场，通过规划制度和投融资体制的改革，解决了资本城乡互动问题[1]。

农民工市民化，是影响转户进城农民土地退出的关键因素。建立在农民土地集体所有制和农民土地使用权"两权分离"条件下的用益物权基础上的，不违反社会主义经济的本质属性的农民土地退出机制，从长远看是优化土地配置效率的核心前提[2]。所以说，农民工市民化是同时牵动农村和城市的一个双向问题，如果农民工在市民化过程中存在阻碍，那么就会出现农民工进退两难的情形。农民工向市民转化，必须具有向城市迁移定居的意愿和具有在城市生活的能力，二者缺一不可。从这个角度看，农民工市民化所关注的就是在城市化进程中，那些既具有市民化意愿又具有市民化能力的农民工在城市定居融合的过程[3]。这一过程既需要政府在社会保障、权益保护、就业服务等方面有所作为，又需要农民工自身市民意识的觉醒。

农村基层社会治理是当前社会的一个热点问题。"四个民主，两个公开"为农村基层民主的核心所在，这一原则并未过时，在城乡统筹发展中更要继续坚持。农村基层民主是城乡统筹发展中农村社会稳定的基本保证，有些地区城镇化进程加快了，农村基层民主进程反而停滞了，这是值得注意的一个现象。农

---

1 叶裕民. 成都统筹城乡发展中的社会治理创新［J］. 杭州（我们），2011，7.

2 吴康明. 转户进城农民土地退出的影响因素和路径研究［D］. 重庆：西南大学学位论文，2011：82-86.

3 葛信勇. 农民工市民化影响因素研究［D］. 重庆：西南大学学位论文，2011：63.

村基层社会治理的基本原则是以农村基层民主为核心，在这一原则的基础上，具体的实现形式和做法在各地区有所差别。例如，成都是以城乡社区作为社会治理的基本单元，创新在于通过成立村民议事会作为常设议事决策机构，在授权范围内行使村级公共事务的决策权和监督权，目的在于实现社区治理的"三分离两完善一加强"，即决策权与执行权分离、社会职能与经济职能分离、政府职能与自治职能相分离，完善农村公共服务和社会管理体系，完善集体经济组织运行机制，加强和改进农村党组织的领导[1]。

从我国城乡统筹的发展现状和研究趋势来看，城乡统筹的牵引力从单一政府主导转变为政府引导和基层推进并行；城乡统筹的目的从提高城镇化率转变为全面提高城镇化质量；城乡统筹中的一些价值观点正从以经济增长为中心，逐渐转向为以农民工市民化等社会问题为中心；城乡统筹中围绕农民土地权益引发的矛盾问题正在通过制度创新逐一解决。以上这些是城乡统筹发展中呈现的积极方面，而发展进程中浮现的一些痼疾如资源与环境问题等，则需要通过长期的治理才会获得实效。

1.2.2　国内城乡统筹规划的研究与实践

（1）城乡统筹规划的定位和作用

正确认识中国国情，深入理解城乡规划对于城乡统筹发展的重要作用，是编制和实施城乡统筹规划的前提。在城乡统筹的实现过程中，城乡统筹规划必将发挥规划的"龙头"作用，担负起引领城乡一体化发展的重担。这既是城乡统筹的历史使命所要求，也由城乡规划的行业属性所决定[2]。

赵英丽认为，城乡统筹规划应定位为区域规划的范畴，因为城乡统筹规划与区域规划在规划内容、任务和编制方法上具有较多的相似性[3]。成受明、程新良认为，城乡统筹规划以城市总体规划为基础，结合土地利用总体规划和其他

---

1 叶裕民. 社区是社会管理和公共服务的基石——以成都市为例［J］. 城市管理与科技，2012，1.

2 汪光焘. 城乡统筹规划从认识中国国情开始——论中国特色城市化道路［J］. 城市规划，2012，1.

3 赵英丽. 城乡统筹规划的理论基础与内容分析［J］. 城市规划学刊，2006，1.

专项规划，通过调控城乡土地的使用，调整城乡空间结构，统筹区域基础设施，使城乡融为一体。应将其作为一门新兴的独立专项规划来研究[1]。仇保兴认为，因为不同的地方所面临的城乡关系和矛盾以及要解决的问题是不一样的，因此要抓住最主要的矛盾，来修编解决这些矛盾的专项区域规划[2]。可见城乡统筹规划目前并未发展形成固定的范式，但是对于城乡统筹规划，学术界还是形成了一些共识。首先，城乡统筹规划是空间规划，是将城乡空间作为规划研究范围，填补了现有空间规划的一些空白；其次，城乡统筹规划是公共政策，是对城乡统筹政策的空间化和具体化；再次，城乡统筹规划是制度设计，是立足城乡规划专业推动城乡统筹战略的制度创新。

从宏观层面看，城乡统筹规划可以拉动内需，促进中小城市和小城镇的发展，推进国家规划体制的深层次改革[3]；从微观层面看，城乡统筹规划可以规范农村居民点的空间调整，统筹城乡用地布局和生态环境保护，统筹各项规划编制和规划实施。所以说，城乡统筹体现了城乡规划的核心价值，即规划的区域观、公平观、发展观与质量观[4]。

（2）城乡统筹规划的发展阶段和最新进展

20世纪90年代初，城乡一体化方面的研究开始初步探索中国城镇化进程中的城乡关系，2003年中央提出城乡统筹发展战略后，城乡统筹理论与政策方面的研究进入繁荣期。目前城乡统筹规划的实践工作已全面展开，但是关于城乡统筹规划的理论与方法等专业研究相对滞后。

成都在统筹城乡发展方面起步较早，形成了较为成熟的做法。成都城乡统筹规划的发展历程具有一定代表性，可以视为中国城乡统筹规划发展历程的缩影。综合相关研究，成都城乡统筹规划的历程可分为初步探索期（2003～2006年）、整体变革期（2007～2009年）及全面提升期（2010至今）三个阶段[5]。成都

1　成受明，程新良. 城乡统筹规划研究［J］现代城市研究，2005，7.

2　仇保兴. 城乡统筹规划的原则、方法与途径［J］城市规划，2005，10.

3　李兵弟. 城乡统筹规划：制度构建与政策思考［J］城市规划，2010，12.

4　李兵弟. 中国城乡统筹规划的实践探索［M］北京：中国建筑工业出版社，2011.

5　曾悦. 三分编制七分管理——成都城乡统筹规划经验总结［J］城市规划，2012，1.

的城乡规划创新更多还是管理体制上的创新，如何在规划质量上有更多突破尚需在实践中继续摸索。

鉴于生产力较为发达，中国东部地区基本选择了"城乡一体"的规划模式。这种规划模式要求尽可能实现城市与乡村的结合，以城带乡，以乡补城，互为资源，互为市场，互为环境，达到城乡之间社会、经济、空间及生态的高度融合[1]。西部地区城乡统筹规划在借鉴东部地区经验的同时，还需要依据自身的实际情况与条件，强调"城乡协调"模式。在这种总体思路的指导下，西部地区再根据自身实际，寻求规划城乡的全覆盖、相关规划的衔接与整合、规划对主要问题的应对[2]。

从目前城乡统筹规划的实践发展来看，县域空间是城乡统筹规划的最佳空间单元[3]。吴良镛先生指出，应将县域农村基层治理作为统筹城乡的重要战略，以"县域"为平台，有序推进农村地区的城镇化进程，县的长期稳定和发展定会实现。所以调整省市县关系，实行省管县是统筹城乡发展的有效途径之一。从浙江省的省管县和城乡统筹发展的实践来看，只有县域经济得到发展和积累，地方才能具备整合资源、统筹城乡发展的潜力。

从城乡统筹规划的编制研究方面来看，近期由中国城市规划设计研究院编制完成的《石家庄都市区城乡统筹规划》（2010），内容涵盖了城乡统筹的方方面面，规划编制重点为统筹城乡发展的总体空间布局，体现出了城乡统筹规划的空间规划特征；规划中提出的统筹城乡发展的一体化支持体系，又体现了城乡统筹规划的公共政策属性。这一规划的编制完成，标志着城乡统筹规划已初步形成了较为完备的体例。由中国城市规划设计研究院完成的《市域城乡统筹规划编制细则》研究报告，初步形成了城乡统筹规划编制的技术规程。

（3）城乡规划学与城乡统筹规划的关系

城乡统筹规划的研究范围，已从物质形态进入社会科学领域。目前城乡规

---

1 陈小卉，徐逸伦. 一元模式：快速城市化地区城乡空间统筹规划——以江苏省常熟市为例［J］. 城市规划，2005，1.

2 钱紫华，何波. 东西部地区城乡统筹规划模式思辨［J］. 城市发展研究，2009，3.

3 杨保军. 从实践中探索城乡统筹规划之路［J］. 中国建设信息，2009，4.

划学一级学科下设置的六个二级学科，均与城乡统筹规划研究密切相关。如区域发展与规划二级学科，研究内容包含城乡统筹、城乡土地规划等内容；而城乡规划与设计二级学科，研究内容包括城乡规划理论与方法等[1]。城乡统筹规划的理论与方法研究，是建立中国特色城乡规划理论体系的基础，也是中国规划理论区别于西方国家规划理论的主要方面。一门独立学科之所以能够成立，在于其具有独立的核心理论。城乡规划学成为一级学科后，对规划理论的要求越显迫切[2]。而城乡统筹规划无论是作为理论研究还是规划方法，都将成为学科的重要支撑。

从城乡统筹规划的发展来看，吸纳社会、经济、政治、生态环境等交叉学科的理论与思想，将会促进研究领域与范畴的不断延伸和拓展。如城乡统筹中公共政策的设计，单从空间政策的视角出发是无法解决矛盾和问题的。中国城乡关系在不同发展阶段上存在巨大的差异。处于不同发展阶段的区域，其发展基础、发展环境、发展路径不同，城乡关系面临的矛盾和问题不一样，解决的办法也应有所差别。地方政府不能千篇一律地采用同样的城乡统筹模式[3]。而城乡统筹模式的选择，需要从社会治理的角度出发，将空间政策和社会政策融合为城乡统筹政策。从这个意义上说，城乡统筹规划研究是跨一级学科的研究，其中包含大量公共管理方面的内容。

1.2.3　国外城乡统筹的发展路径和相关理论

（1）美国和日本在城乡统筹发展中的重要政策及法规

近年来，介绍美国都市蔓延的学术文章较多，其中包括从城乡统筹发展角度介绍美国城乡冲突的研究。这类研究成果对于我国处理城乡统筹发展中的各种矛盾问题具有重要的参考价值。朱晨、岳岚认为，美国在处理城乡关系时，传统规划在技术和理念方面是有局限的，一些地方政府和机构则从另一个视

---

1 赵万民，赵民，毛其智. 关于城乡规划学作为一级学科建设的学术思考［J］. 城市规划，2010，6.
2 张庭伟. 梳理城市规划理论——城市规划作为一级学科的理论问题［J］. 城市规划，2012，4.
3 郑国，叶裕民. 中国城乡关系的阶段性与统筹发展模式研究［J］. 中国人民大学学报，2009，11.

角——城乡统筹研究都市边缘地带的建设控制和整合问题，并总结出一些政策经验：开发模式和区划调整、购买开发权、开发权转让等措施，不仅保护了乡村产业的完整性，而且这些措施与TOD规划布局等规划技术一起，有效地促进了乡村社区的紧凑增长[1]。

美国新城市化时期区域统筹与地方自治的博弈一直存在，为实现区域统筹，尝试过多项政策，如兼并、市县合并、"联邦式"大都市区政府等，这些政策在实际推行时，都有不同程度的难度。无论遇到了何种困难，从20世纪中叶以来，美国已经从城市化国家，完全演变为大都市区化的国家。20世纪90年代中期以来，新区域主义运动兴起，强调政策过程和政策网络，注重政策的实际效用。新区域主义并不关心体制结构的改变，而是强调社会力量和公民对大都市区治理的参与，这是它同传统区域主义的最本质区别[2]。当前，最具代表性的政策议程，当属精明增长。美国规划协会（APA）认为精明增长是为了体现社会公平、创造地方特色、保护自然景观、改善生活质量，通过扩大财政投入、发展轨道交通、增加就业岗位等方式，对城市、郊区、农村进行的规划设计与再开发。我国已有学者将精明增长理论引入城乡统筹发展中的土地利用模式的研究中。如曹伟认为应从土地数量控制、土地形态紧凑、土地利用效益三个方面着手，提高城乡统筹发展中的土地精明利用水平[3]。

值得一提的是，美国在农村金融方面的政策支持从未放松，美国农村资金运营制度是一种复合型模式，它是以商业性资金运营为主体，以政策性资金运营为辅助构成的，分工明确、功能互补、结构完善、多层次、全方位的农村资金运营体系。这种体系较好地满足了农业和农村经济发展的资金需求，为农村和农业提供了强有力的资金保障[4]。

---

1 朱晨，岳岚. 美国都市空间蔓延中的城乡冲突与统筹［J］城市问题，2006，8.

2 王旭，罗思东. 美国新城市化时期的地方政府——区域统筹与地方自治的博弈［M］厦门：厦门大学出版社，2009.

3 曹伟. 城乡统筹发展下区域土地精明利用模式研究［D］南京：南京大学学位论文，2011：3.

4 肖冉超，蒋朦慷，刘丹. 城乡统筹下多层次全方位农村资金运营体制构建——对美国农村发展中的资金运营制度的思考［J］中小企业管理与科技，2009，6.

日本以人口为指标，将人口集中地区（DID: Densely Inhabited District）称为城市，其他地区（非DID）则定义为乡村。日本总人口的40%居住在农村，而农村面积占国土总面积的97.2%[1]。

郭建军总结了日本城乡统筹中的主要做法，其中最重要的一点就是制定和实施扶持农业和振兴农村的法规政策[2]。通过完善法规政策，日本建立了城乡空间统筹规划体系和法律保障体系，从国土规划、区域规划、城市规划和町村规划四个层面保障城乡统筹的有序发展。

日本与城乡统筹密切联系的法律为《农业振兴地区整治建设法》，与城乡接合部整治密切相关的法律为《村落地区整治建设法》，除此之外还有《景观法》、《土地改良法》等等。法律名目繁多，内容周到；法律体系建设细致入微，规划与法律配套，环环相扣。而且法律修正周期不拘一格、机制灵活，造就了更具操作性的规划管理方法和灵活实用的用地调整模式。更重要的是，共管法普遍适用。建设省、农林水产省、国土交通省、环境省等政府各部门间能够共同打造面向农村地区的规划和建设的平台[3]。而我国的城乡规划，习惯于从城市的角度出发看待城乡统筹问题，日本立足于农村、面向农村的立法理念值得我们学习。

通过对日本二战后城乡一体化治理进行政策分析[4]，可以得知，依托地方自治制度，强化乡村政府的财权和事权；建立农业协同组合，不断提升农民的政治博弈能力；消除人口身份的歧视和差别，这些政策措施可以推动农地制度改革，促进城乡人口流动和农民兼业，最终达到消除城乡差别的目的。

（2）区域规划理论与城乡统筹规划

城乡统筹理念是区域规划的应有之义，通过区域规划形成的整体协调发展，是一种"共识型"、"契约型"，强调不同行政区域之间及区域内城镇之间和城乡之间的相互协调，强调自上而下与自下而上的整体协调发展[5]。目前国内城乡

1 王德，唐相龙. 日本城市郊区农村规划与管理的法律制度及启示［J］. 国际城市规划，2010，2.

2 郭建军. 日本城乡统筹发展的背景和经验教训［J］. 农业展望，2007，2.

3 王雷. 日本农村规划的法律制度及启示［J］. 城市规划，2009，5.

4 孔祥利. 战后日本城乡一体化治理的演进历程及启示［J］. 新视野，2008，6.

5 孙娟，崔功豪. 国外区域规划发展与动态［J］. 城市规划汇刊，2002，2.

统筹规划的编制并没有固定的体例，但是大部分的城乡统筹规划是以区域规划的形式编制出台的。20世纪90年代中期以来，在统筹城乡、区域、经济与社会、人与自然等方面进一步深化的城镇体系规划和城市群规划，更属于以城市为主的区域规划类型[1]。所以说，区域规划理论的发展与城乡统筹规划有千丝万缕的联系。

传统的区域规划理论包括劳动地域分工理论、地域生产综合体理论、区位理论、增长极理论等；新区域主义目前已成为研究领域的主流理论，与治理理论、新制度理论、网络理论密切相关，核心议题为多种含义的区域空间，多层治理的决策方式，多方参与的协调合作机制以及多重价值目标的综合平衡[2]。具体的规划手段是以主体功能区为核心的空间治理，研究方式强调定性研究与定量研究相结合、系统分析与实地调研相结合。"新区域主义"提醒人们，注重计量方法决不能忽视定性的研究，关注空间一般规律也不能丢掉对区域特性的把握[3]。这些理念被认为是对于以往过度依赖计量经济学模型的纠偏，因为当经济发展不是首要问题的时候，各种统计数据就失去了效用，而生态保护、人文体验等无法计量的因素成为规划决策的主要依据。

新区域主义对城乡空间有了进一步的认识，对于城乡统筹规划至少有以下三点启示：

应划定合理的空间管制尺度，旧区域主义着眼于政府，关注如何在国家与地方的科层关系中构建新的管治层级或新机构；新区域主义认为各行政区各自为政并不能有效解决环境、社会和管治等诸多问题，因为这些问题相互交织。因而，跨行政区协作是新区域主义的重要内容[4]。

应关注城乡空间协调与优化，尤其应关注城郊地带的空间组织。无论是"开放郊区运动"，还是"没有郊区的城市"，郊区总是新区域主义的关注重点。

1 仇保兴. 论五个统筹与城镇体系规划 [J]. 城市规划，2004，1.
2 殷为华. 基于新区域主义的我国新概念区域规划研究 [D]. 上海：华东师范大学学位论文，2009.
3 吴超，魏清泉. "新区域主义"与我国的区域协调发展 [J]. 经济地理，2004，1.
4 罗小龙，沈建法，陈雯. 新区域主义视角下的管治尺度构建——以南京都市圈建设为例 [J]. 长江流域资源与环境，2009，7.

郊区的空间治理，在我国更有其特殊的意义，郊区被认为是城乡空间的接合部，也是当前我国各类社会矛盾最集中的区域。

新区域主义提倡多边谈判制度和协商治理理念，所以在城乡统筹规划中应重视空间政策与社会政策的融合。目前我国城乡统筹规划中的多数矛盾问题，都是由于空间政策与社会政策脱节造成的。规划师能够通过慎重的、社会敏感的规划和恰当的实践活动来改善这种快速城市化带来的消极的外部成本[1]。空间治理与社会治理同步进行，是城乡统筹规划的发展方向。

（3）大都市区治理框架下的统筹方略

在美国，新区域主义面对的问题是大都市区的治理问题。戴维·鲁斯克（Rusk. D.）在《没有郊区的城市》中界定了大都市区政府的含义、形成的不同途径和外在形式，以及所要解决的问题。鲁斯克提出的理念是：通过在富裕和贫困的政府之间进行收入分享，结束财政失衡状态；在整个都市区，通过廉价住房需求和住房援助项目，缓解种族和经济的隔离；促进整个都市区的经济发展；执行区域增长管理政策[2]。鲁斯克提出的这些理念，在大都市区的规划中得到了进一步的细化和落实。

美国纽约、新泽西、康涅狄格三州大都市区第三次区域规划，确立了三大核心要素，即经济、公正和环境（3E），同时也提出了五大方略，即通过绿地方略、区域中心方略、通达方略、劳动力方略和管制方略，实现区域可持续的增长和繁荣[3]。由于发展时期和发展阶段不同，美国大都市区的统筹方略实际上主要指城市与郊区之间的统筹，当然也包含了城市之间的统筹和协作等内容。美国大都市区治理框架下的"郊"，在空间区位上与中国的"乡"有一定的相似性，但是从最主要的矛盾问题来看，鲁斯克认为美国的问题在于种族和经济的隔离，这种隔离产生了情况日益恶化的少数族裔集中居住区，美国城市地区的

1 弗里德曼. 区域规划在中国——都市区的案例［J］. 罗震东译. 国际城市规划，2012，1.

2 （美）戴维·鲁斯克. 没有郊区的城市［M］. 王英，郑德高译. 上海：上海人民出版社，2011.

3 （美）罗伯特·D·亚罗，托尼·西斯. 危机挑战区域发展——纽约—新泽西—康涅狄格三州大都市区第三次区域规划［M］. 蔡瀛，译. 北京：商务印书馆，2010.

弱势人群大都居住在这些城区。而目前中国的城乡统筹中最主要的矛盾在于城乡政策保障体系与城乡空间发展的脱节。大都市区治理框架下的统筹模式，有一定的可取之处，比如对绿地的重视和对"棕色地带"（类似于中国的弃置地）的重新利用等，但是从中国目前的国情来看，以大都市区治理推进城乡统筹的阶段还未真正到来，这是由中国城镇化的发展阶段决定的，也是由中国的行政体制决定的。甚至在美国都有评论认为，没什么人喜欢大都市区政府，中心城市的官员不愿冒丢失郊区民选票的风险，郊区居民更是强烈反对[1]。

新区域主义学者提出了不少新的思想与观点，其中以戴维·鲁斯克的"没有郊区的政府"、尼尔·皮尔斯（Neal. R. Pierce）等的"城市区域"以及迈伦·奥菲尔德（Myron Orfield）的"区域同盟"最为典型。在这些学者的推动下，新区域主义成为西方大都市区管治理论研究的主流。新区域主义视野下的大都市区管制，对中国的区域协调发展具有一定的借鉴意义。洪世键、张京祥认为，健全跨地方合作机制，完善大都市区规划，大力发展松散型大都市区协作组织，这些措施可视为新区域主义在中国大都市区管治领域的应用[2]。

1.2.4 新型城市化理论的发展和影响力

（1）新型城市化的理论和城乡规划创新

目前中国研究界已经建立了一整套关于新型城市化的理论体系，中国的新型城市化是指以人为本，以人口的空间流动和社会流动为主线，以城乡一体化为目标，形成经济与社会同发展、城市与乡村共繁荣、人与自然相和谐、历史文化与现代文明交相辉映的新型城乡形态，以及与之相适应的一整套城乡一体化发展的体制机制。传统城市化以城市为核心，以增长为导向，只能做到"劳动力的非农化"但是无法完成"人的城市化"，中国转型发展的内涵主要就是指传统城市化转向新型城市化的发展道路，而通向新型城市化道路的基本方法就

---

1 罗思东. 城市政策与大都市区政府的复兴——评戴维·鲁斯克的《没有郊区的城市》［R］. 美国研究，2003，4.
2 洪世键，张京祥. 新区域主义视野下的大都市区管治［J］. 城市问题，2009，9.

是统筹城乡发展。

城乡规划领域对新型城市化理论的理解是透彻的，同时也积极将其应用于实践。近期城乡规划领域的发展和创新，几乎都与新型城市化理论相关。规划领域内的主要变化主要体现在以下几个方面。

首先是城市化的评价标准进一步完善。传统城市化时代，城乡规划衡量城市化水平采取的是单一指标，即城镇人口比重；新型城市化阶段，城乡规划采取了城乡一体化水平作为城市化指标。城乡一体化水平是多维度的指标，可以全面衡量发展的质量。

其次是规划的体制机制进行了调整。传统城市化以城市为核心，规划的着眼点是物质空间规划，关注的是"物化"的城市化；而以新型城市化为背景的城乡规划，指导思想是以人为本，强调城乡互动协调发展。从规划区的划定即可以看出，总体规划的着眼点已经不仅限于中心城区，而是放眼全域，全面统筹发展结构和空间结构。

再次就是城镇的空间特征正在发生变化。这一趋势一方面是因为规划引导，另一方面是新型城市化发展机制的内在需求。大城市过度集中、空间蔓延、小城镇过度分散的局面，逐渐转变为以城市群和城市化地区为主体承载形式，大中小城市及小城镇协调发展的形态。

由此可见，新型城市化理论与城乡规划的发展是紧密结合的，城乡规划理论本身就是由"城市理论"、"规划的理论"和"规划中的理论"三方面所构成，新型城市化理论是对城乡规划理论的补充和完善，尤其是补充了对城乡发展的深层次认识和思考。叶裕民教授指出，新型城市化的"新"，其实并不是相对于世界城市化发展史而言，而是相对于中国20世纪下半期以城乡分割为本质特征的传统城市化道路而言。所以对于中国的城乡规划来说，需要做的事并不是标新立异，而是踏踏实实地去做符合世界城市化发展规律和共性要求的工作。

（2）新型城市化理论在中国的影响力

新型城市化理论正在改变中国的面貌。以成都为例，2004年2月，《关于统筹城乡经济社会发展推进城乡一体化的意见》（成委发［2004］7号）标志着成都开始全面推进统筹城乡发展，走上了新型城市化的道路。从近年来成都的成绩可以看出，新型城市化理论对于城乡社会发展、人民生活水平的提高和城乡社区治理，均产生了深远的影响。

首先，成都市的最大贡献在于制度创新，建立了符合国情，能够有效推进新型城市化的一整套体制机制[1]（图1）。

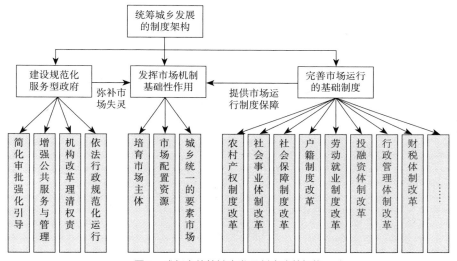

图1 成都市统筹城乡发展制度改革架构

其次，成都市以城乡规划为龙头，完善了城乡规划的体系，调整、深化了城乡规划的内容和层次，建立了以"全域规划"为特征的城乡规划系统，如图2所示。

在改革体制机制和规划体系的基础上，成都市分三阶段推进新型城市化的进程。通过不懈的努力，成都市成为受世界瞩目、具有国际影响力的国家中心城市。成都市新型城市化发展的成就集中表现在城市竞争力全面提高，城乡收入差距缩小。如图3所示，成都市的城乡收入差距在西南地区省会城市中是最小的，已经接近北京、上海等直辖市的水平。

在新型城市化理论的指导下，成都市实现了整体性、系统性的飞跃，这既

1 叶裕民，焦永利. 中国统筹城乡发展的系统构架与实施路径——来自成都的实践与思考［M］. 北京：中国建筑工业出版社，2013：63.

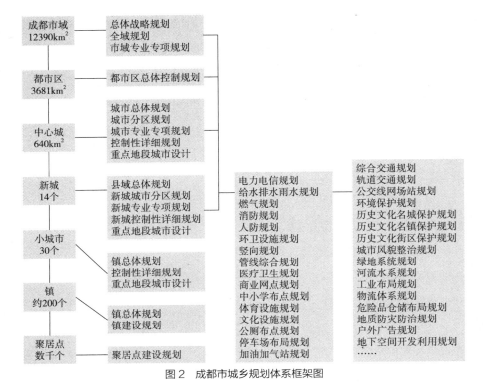

图2 成都市城乡规划体系框架图

资料来源：国家开发银行，成都市城乡统筹村镇规划推进模式总结报告（2011）

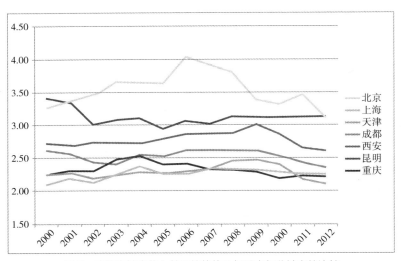

图3 成都市城乡收入差距的趋势及与国内部分城市的比较

是成都的经验，也是中国的经验。成都的实践说明，新型城市化的发展关键在于政府治理理念的创新和转型，而不是必须以经济发达为起点和前提条件。抓住新型城市化这个关键点，经济社会整体发展才能纲举目张。成都的案例同时也说明，新型城市化理论发挥作用，离不开城乡规划的支撑和运作，城乡统筹规划在新型城镇化的进程中大有可为。

1.2.5　对于城乡规划方法的梳理

城市规划方法是令城市规划理论发挥实效的途径。城市规划方法的研究一般分为三个层次。首先是认识论的内容，这部分内容可以看作规划理论的外延；其次是方法论的内容，这部分内容主要为达到规划目的的手段，也是本研究关注的主要内容；还有就是具体的规划方法，一般来讲是指结合现行规划体系和规划条件生成的策略。

较为成熟的城市规划理论包含方法论的内容，如柯布西耶（Le Corbusier）在提出经典的功能理性规划理论的同时，也提出了功能理性规划的实现途径，如提高密度的规划方法、新技术的应用、形式感极强的建筑设计方法和立体交通规划等。这样的理论体系内在逻辑关系极强，理论与方法双向对应。

未形成完整理论体系的规划思想、主义、运动、思潮，往往并不一定包含方法论的内容，或者说这些规划方法还未形成成熟的体系，这些现象可以看作城市规划学界对于某种城市规律或矛盾问题的初步认识，至于如何利用这种规律引导城市发展，或者如何解决矛盾问题，不同时期不同地区提出的规划方法不尽相同。

例如新城市主义运动，其理论核心是遏制城市蔓延，重塑社区结构。从20世纪80年代末在美国兴起至今，促进了多种规划方法的发展，如以公交发展为主导的TOD规划方法、以传统邻里发展为参照的TND规划方法等，这些规划方法目前甚至被认为是新城市主义运动的标志。但是这些规划方法在新城市主义运动兴起之前业已出现，甚至有人批评新城市主义的设计手法与霍华德的"田园城市"、欧洲的老城改造、环境保护主义等活动相比，并没有太多的"新意"[1]。这

---

1 张京祥. 西方城市规划思想史纲［M］. 南京：东南大学出版社，2005：231.

说明一些处于发展中的城市规划理论，对城市规划方法有重新认识、发掘和完善的作用，通过新理论的组织，一些可能以往并无联系的城市规划方法系统性地发挥了作用。在某一城市规划理论的发展完善阶段，可以说这一理论对于若干城市规划方法具有支撑作用，但并不能将这些城市规划方法轻易归入这一理论的框架之下，这时理论与方法是单向对应的。

另有一些影响深远、思想深刻的城市规划理论，如芒福德提出的人本主义规划理论，虽然并没有确切的规划方法与之相对应，也从未出现过任何一种或一系列规划方法，一经施行，即可宣称达到"人本主义"这一思想命题的要求，但是人本主义规划理论对于当下几乎所有的城市规划方法都具有深刻的影响，这种影响是基于世界观和价值观对于规划师思维方式的引导，代表了这一时代的规划语境，所以无法逐一列举出与现行城市规划方法的具体对应关系。

梳理城市规划方法的主要目的是为城乡统筹规划方法的研究建立起一个"方法库"。城乡统筹规划方法的研究分三步。首先是厘清现有城市规划方法的类目和理论支撑，第二步是根据统筹城乡规划的需要取用某些规划方法或者方法组合，第三步是将具中国特色的创新性规划方法提炼之后补充到现行规划方法体系中去。简单来讲就是分类、吸收、提炼三个步骤。

梳理城市规划方法的首要任务是对现行的城市规划方法进行分类，从目前城市规划理论的发展现状来看，不应以理论流派作为规划方法的分类依据。一方面是因为规划理论的多元化和复杂性，有不少近期兴起的理论本身都很难归入某个流派；另一方面是因为规划理论与方法的对应关系并不一定非常明确，某些方法已经被某一流派弃之如敝屣的同时依然被某些流派奉之如圭臬，这样的学术争议层出不穷。虽然不同的理论流派对于城市规划的认识存在分歧，但是基本上还存有一项共识，即城市规划作为一项公共政策，是一个动态的过程。无论基于何种理论，施行何种方法，在法律体制健全的社会进行城市规划的运作都必须在既定的基本框架下进行，也就是说，城市规划的基本程序是相对稳定的。完整的城市规划程序包含多个工作环节，如研究与分析、规划与设计、决策与参与等，每一个规划环节都对应一系列的规划方法，并且规划师总是依据城市规划项目的具体条件不断地进行方法组合的调整。

（1）具有普遍意义的研究与分析方法

"研究"一词具有广泛的内涵和外延，在这里既是指城市规划理论研究，也包含项目研究的范畴；分析则是研究的工具。研究与分析是城市规划理论创新和实践创新的首要环节，无论是研究理论还是进行实践，研究与分析的目的都是解决矛盾问题，或者是解决非矛盾类创新问题；研究与分析的成果是对于问题的一系列判断。

自20世纪70年代以来，城市规划的研究方法总体上可以概括为学科交叉的方法。勒盖茨（Richard T. LeGates）甚至表示，在美国，10个城市规划领域内的教授，其中有3位是城市与区域规划的博士，两位拥有城市设计或建筑学的学位，另5位分别是法律、经济、地理、统计和政治学的博士[1]。城市规划领域内学科的界限十分模糊，近年来主要的学术成果都是通过学术交叉研究获得，就目前来看，学科交叉研究仍然是城市规划领域内最主要的研究方法。学科交叉研究的优势在于，城市规划学科可以享用其他学科已经得到广泛认同的成果，并可以迅速吸收将其用以解决某一特定问题；学科交叉研究的劣势也很明显，即在研究视野上具有局限性，研究中难免过于依赖"拿来"的理论，研究成果往往有失偏颇。目前对于学科交叉研究这一方法的学术批评认为，过多的交叉研究会造成城市规划理论的空心化，城市规划的理论创新并不是机械地将城市规划与某学科相结合。

人本主义和可持续发展理念是贯穿于近30年世界城市发展的基本思想，近年来还产生了一些具有全球影响力的思潮，如全球化、可持续发展、生态城市、低碳城市、气候变化应对等，这些理念和思潮对世界城市发展产生了深远的影响，同时也促进了城市规划领域的创新。这些理念和思潮与其说催生了一系列的城市规划方法，不如说是建立了一套新的城市规划法则，城市规划的整体发展导向是遵循这些基本法则的。某一个新兴理论带动的城市规划方法创新，主

---

1 Richard T. LeGates, Frederic Stout. The City Reader [M]. 5th ed. Routledge, 2011.

要的突破点在于研究与分析方法的创新，例如生态城市规划方法，黄光宇教授从复合生态系统理论角度界定了生态城市的概念，并从社会、经济和自然三个系统协调发展的角度，提出了生态城市的创建标准，从总体规划、功能区规划、建筑空间环境设计三个层面探讨了生态城市的规划设计对策，提出了生态导向的整体规划设计方法。

类似于这样的城市规划方法创新，首先是进行学科交叉研究，继而引入其他学科的分析工具剖析问题，最后结合现行的规划框架提出具有创新性的规划方法。创新的类型为，基于学科交叉的研究方法，将某一学科的知识应用于城市规划研究领域，对已有的现象进行新的解释。所以，城市生态规划方法、低碳城市规划方法等等类似的城市规划方法创新，都可以归结为城市规划研究与分析方法的创新。

城市规划的分析方法分为两类，即定量分析和定性分析。定量分析在目前基本上是基于计算机支持的统计学方法，SPSS（Statistical Product and Service Sdutions）是目前应用较为广泛的数据分析软件，依靠这一软件可以进行深入的社会分析，如人口变动和经济起伏。从时间这一维度出发还可以划分为横断面（cross-sectional）方法和纵向（longitudinal）方法，横断面研究关注某一个关键时间节点发生了什么变化，纵向研究关注事物的长期变化过程。

从空间维度出发，地理学提供了丰富的空间分析方法，其中主要的成就是利用GIS系统进行空间分析，GIS包括定量分析和定性分析两个方面，但是GIS方法目前被认为是定量分析方法。

值得注意的一个动向是空间经济学的崛起，空间经济学研究的是资源在空间的配置和经济活动的空间区位问题。打一个比方，地理学不但要说明在哪里形成了一个山脉，还要解释山脉的成因；空间经济学则可以解释经济活动发生在何处且为什么发生在此处。空间经济学提供了丰富的模型，用以分析城市空间与经济发展的关系。保罗·克鲁格曼（Paul R. Krugman）为这一方面的研究提供了具有重大创新意义的分析模型[1]。

1 藤田昌久，保罗·克鲁格曼，安东尼·J·维纳布尔斯. 空间经济学——城市、区域与国际贸易［M］. 梁琦主译. 北京：中国人民大学出版社，2011.

城市规划中的定性分析历史悠久。威廉·怀特（William H. Whyte）利用观察法研究市民是如何利用城市公园和广场的；城市社会学家威廉·朱利叶斯·威尔逊（William Julius Wilson）和伊利亚·安德森（Elijah Anderson）利用现场踏勘、访谈和观察法研究芝加哥和费城的城市问题；凯文·林奇（Kevin Lynch）和他的学生在波士顿访谈市民，研究市民是如何感知城市意象的。这样的例子不胜枚举。所以勒盖茨认为在研究中，并不是只有一种"正确"的研究方法，可以有多种方法共同帮助研究者定位城市规划问题。

（2）规划设计思维与城市形态方法

图格威尔（Rexford G. Tugwell）的时代已经成为过去，"终极蓝图"式的城市规划自20世纪60年代之后遭受了广泛的质疑，但这并不代表城市规划不需要蓝图，对于城市形态的研究也从未停止。规划设计思维的提法也许过于宽泛，但是实际上只是关注规划师是如何将纷繁芜杂的外部信息进行处理，最终形成规划设计方案的思维过程。

总体来说，设计思维存在两种很接近但又明显不同的类别，一种是理性的、合乎逻辑的思考过程，另一种是直觉的、充满想象的思考过程。这两种有价值的思考类别可以被称为收敛型和发散型，设计同时需要收敛型思考和发散型思考。设计思维也需要创造性的思考，但是创造并不属于不可知的领域，关于设计中创造性过程的"五阶段方法"被广泛接受[1]，这五个阶段包括初始洞察、准备、培育、灵感和验证。所以说，设计思维不全是理性思维，设计思维中的"灵感"部分属于黑箱思维，心理学研究希望通过各种方法打开设计思维的"黑箱"。为了突破这个设计方法上的瓶颈，很多人工智能领域的专家试图用形式化的语言描述设计思维的过程，但是到目前为止还没有研究上的突破。

虽然我们并不能确切地描述规划师的设计思维过程，但是可以确定规划师在方案形成中关注的主要问题，张庭伟教授梳理了这些问题，并将这些问题总结为：物质建设问题、社会问题和环境问题。这些问题几乎都与城市形态有关，

---

1 布莱恩·劳森. 设计思维——建筑设计过程解析［M］. 范文兵，范文莉译. 北京：知识产权出版社，中国水利水电出版社，2007：112-119.

因为城市形态不但反映城市问题，有时也直接造成城市问题。在以建筑师为主宰的时代，城市规划设计方法论的主要内容几乎就是如何处理城市形态，但是并没有人认识到城市形态是城市问题的结果，直到出现过一些典型的案例，即一些街区总是处于衰败—整治—衰败的循环中，人们才逐渐意识到单纯从形态出发并不能解决城市问题，并且开始认识到城市发展的复杂性和不确定性。

谷凯对于城市形态的理论与方法进行过全面总结，并认为时至今日，城市形态的方法可以归结为形态分析法和环境行为法："将抽象的政治与社会经济因素与实体的物质环境、局部的建筑环境与整体的城市联系在一起，从而使城市形态研究更趋于理性与客观。"[1]这里提出的形态分析内容较以往更为丰富，包含多种方法组合，如城市历史研究、市镇规划分析、空间形态研究和建筑学的方法。而环境行为的方法目前在城市规划中的应用非常广泛，被强调为主要的物质环境分析工具。

空间句法的出现进一步印证了规划设计是促进和引导城市空间塑造的方式，而不是"终结状态"的规划，空间句法为研究城市形态提供了新视野，它使物质城市成为首要的关注对象，并且通过考查城市形态来发现经济和社会过程的印记[2]。

虽然目前无法精确描述设计思维方法和城市形态方法是如何共同发挥作用的，但是可以确定一点，设计思维和城市形态也是进行城市设计的关键。虽然目前我国的学科设置将城市设计划归为建筑学一级学科，但是城市设计对于城市规划学科的重要性不言自明。艾伦·B·雅各布斯（Allan B. Jacobs）和唐纳德·艾伯雅（Donald Appleyard）在1987年发表了城市设计的宣言，认为城市设计的核心任务在于提高城市的可识别性、真实性和意义，并促进市民参与社区和公共生活。为达到这样的要求，设计思维和城市形态方面的研究是基础性的工作。关于城市形态和城市设计的互动关系，王建国先生进行了大量而系统的论述[3]。

1 谷凯. 城市形态的理论与方法［J］. 城市规划，2001，12.
2 段进，比尔·希列尔等. 空间句法与城市规划［M］. 南京：东南大学出版社，2007.
3 王建国. 现代城市设计理论与方法［M］. 南京：东南大学出版社，2001.

（3）城市设计方法

城市规划方法与城市设计方法在认识论层面上的内容基本重叠，因为现代城市发展、现代城市问题都是客观存在。无论是城市规划方法还是城市设计方法，都必须正视现代城市发展的客观规律。解决城市问题的路径并无绝对，城市规划方法和城市设计方法各自提供了一套方法体系，由于城市规划和城市设计在历史上的渊源，这套方法体系也很相似。在实际的规划运作中，一般并不刻意区分城市规划方法和城市设计方法，只有在理论研究中，为了更好地描述城市设计的特质，才将城市规划方法与城市设计方法进行比较。

有学者认为，现代城市设计方法包括设计目标策划法、城市空间分析法、城市要素整合法、城市基面组织法、行为环境互动法和公众参与法等，这些方法构成了城市设计基本的方法体系[1]。城市规划的方法体系也涵盖了这些方法，但是通过方法比较，可以得知城市设计的方法更加重视环境行为分析，同时也更加关注三维空间形态设计。从目前的规划实践来看，城市规划方法和城市设计方法相互交织，取长补短。城市规划方法充实了形体设计的内容，城市设计的方法吸取了综合设计的内容。城市规划方法与城市设计方法是两套平行的方法体系，目前各自都已发展成熟，虽然具有千丝万缕的联系但是并无依附关系，两套方法体系关注的主要矛盾问题和创新动力并不相同。

城市设计方法体系对于城乡统筹规划方法的研究具有重要的参照作用，但是试图直接采用城市设计的方法解决城乡统筹的问题并不可取。城市设计的方法体系基本源自西方，中国自20世纪80年代末开始引入城市设计的方法解决城市问题，取得巨大成就的同时也发现了一些问题，如何将城市设计方法与中国国情相结合，直至今日都是具有争议的话题。城乡统筹规划方法的研究，应着眼于城市设计方法发挥作用的机理。城市设计在中国的发展逐渐走向成熟，城市设计方法体系的构建、运作机制的完善和对法定规划的引导等方面的经验对城乡统筹方法的研究具有很强的现实意义。

---

1 卢济威，于奕. 现代城市设计方法概论［J］. 城市规划，2009，2.

（4）城市规划决策与公众参与方法

城市规划决策具有两方面的内容，一方面是决策的技术层面，另一方面是决策的制度设计层面。单纯从技术层面讨论城市规划决策，目前正在运用的技术方法包括盈亏分析法、经济分析模型法、SWOT分析法和头脑风暴法等[1]，这些方法是将城市规划决策作为确定型决策进行研究。如果进一步审视城市规划决策，将会发现城市规划决策充满不确定性和风险，这时确定型决策的方法就失去了效用。目前已有学者开始研究如何在目标和条件都不确定的情况下进行城市规划决策[2]。

相对于决策技术而言，城市规划决策制度设计方面的内容更加具有吸引力。决策制度是指在决策过程中城市规划参与方都必须恪守的基本规则，这些规则应包括建立规范的决策流程、合理分配话语权等内容。规划决策制度的创新源泉在基层社区，这是由中国基层民主的特点所决定的。成都地区自2010年以来，大力推行村民议事会以构建民主决策机制，目前基本形成了党组织领导、村（居）民（代表）会议或议事会决策、村（居）民委员会执行、其他经济社会组织广泛参与、充满生机活力的新型城乡社区民主治理机制。村民议事会这一创新方法，将在我国的城乡统筹发展中发挥重要作用。

公众参与方法是对城市规划决策的重要支撑，但是公众参与方法不仅仅体现在城市规划决策这一环节。西方世界对城市规划公众参与这一话题关注已久，1965年，保罗·达维多夫（Paul Davidoff）提出了倡导性规划，认为城市规划应该是多元化的，应明确纳入不同群体的意见；1969年谢里·安斯坦（Sherry Arnstein）提出了一个阶梯状的假设模型，用来描述公众参与城市规划的8个层级，最低层级由政府全盘掌控，最高层级为市民自治，每一个层级都对应了一些具体的措施。这些思想为城市规划公众参与的发展定下了基调。

经过多年的发展，公众参与方法也基本形成了一个方法体系，其方法论的基础是哈贝马斯（Jürgen Habermas）的交往理论（communicative theory），约

---

1 刘贵利. 城市规划决策学［M］. 南京：东南大学出版社，2010.

2 李惟科. 可拓城市规划决策研究［D］. 哈尔滨：哈尔滨工业大学学位论文，2011.

翰·福斯特（John Forester）在1987年提出了一整套操作性较强的方法或者说是策略：规划师进行调节策划，预先调解和谈判，充分利用规划师影响力这一资源，"穿梭外交"（shuttle diplomacy），规划师书写规则，"你调解，我谈判"（You mediate, I'll negotiate.）。这些方法致力于解决城市规划中的冲突和矛盾。

有学者认为我国城市规划的公众参与形式有很多种，决策过程的参与目前还远远不够，但是行动参与是较为普遍的，随着我国社会的转型，公众参与的形式将会有更多元化的发展[1]。这一观点比较符合目前的实际情况，决策过程往往只是告知式的公众参与，而行动参与更加灵活，形式也更为丰富。如果决策制度设计比较合理完善，那么对于行动参与将产生正面的引导作用，比如组织志愿者进行社区服务或鼓励市民参与城市活动等；决策制度设计的缺失将引发负面的行动参与，由于我国在城镇化进程中积累了各种矛盾问题，市民过激的行动参与近年来并不鲜见。

（5）城市规划管理方法

基于城市规划的公共政策是政府实施城市规划干预的主要方式，城市规划管理具有公共管理的特征，应该成为城市公共管理的一部分[2]。这一观点在城市规划领域和公共管理领域都获得了认可，从我国公共管理学科的设置来看，城市规划管理已经发展成为重要的二级学科。基于公共管理模式的城市规划管理，主要的方法是通过制定公共政策引导城市发展。

虽然与城市规划相关的公共政策涵盖多方面的内容，但是总体来看这些内容可以归为两大类，首先是与城市规划体制相关的政策，这部分内容是为了保证城市规划的运行；其次是与城市规划决策相关的政策，这部分内容是将城市规划的决策进行具体的落实和推行。城市规划管理中的核心内容——城市土地使用管理贯穿于这两部分的内容。研究城市土地使用管理的发展可以有助于理解基于城市规划的公共政策是如何发挥作用的。

爱德华·J·凯撒（Edward J. Kaiser）和戴维·R·戈德沙尔克（David R.

---

1 张庭伟. 城市治理与公众参与：以中国城市为例［J］. 杭州（我们），2010，11.
2 王晓川. 走向公共管理的城市规划管理模式探寻［J］. 规划师，2004，1.

Godschalk）对美国20世纪土地使用规划的发展进行过总结，他们认为20世纪前50年，美国的物质空间规划（physical plan）是由独立的委员会编制的，反映出了变革中专业人士的立场和对政治的不信任。从20世纪60年代起，土地使用规划的公共政策属性开始发挥，加州大学伯克利分校的肯特（T. J. Kent, Jr.）教授认为应强调规划的政策决心、政策沟通和政策实行，肯特提出的规划框架被认为是比较全面的。20世纪70年代城市规划领域出现了一些新的想法，关于政策框架的讨论出现了，政策框架的讨论脱离了物质空间规划的蓝图，并不针对于某一特定的项目或行动。20世纪90年代混合规划（hybrid plan）开始定型，混合规划集政策、设计和管理于一体，既有对物质空间规划的继承，又增强了规划的参与性。

从美国的经验可以看出，在现代意义上的城市规划发展初期，城市规划管理的方法比较单一，基本上是凭借蓝图进行管理；随着城市规划的发展，社会公众对城市规划的要求提高，希望通过规划解决一些社会问题，在这样的预期下城市规划的公共政策属性开始浮现；在城市规划学科发展成熟之后，城市规划的管理模式开始向现代公共管理模式的方向转变。

不同时期城市规划的目标和条件并不相同，为适应外部情况的变化，城市规划管理方法始终处于动态调整中。例如为应对全球气候变化，国外多个城市提出了应对气候变化的政策手段。纽约市把气候变化整合在城市增长策略中，温哥华基于分区土地利用更改推动绿色建筑发展，伦敦出台了风险管理策略[1]。这些管理方法可能是长期的，也可能是阶段性的，由此可以看出城市规划管理方法的灵活性。

（6）近年来城市规划方法的新发展

目前国外城市规划实施监测和评估工作中采用的主要方法是以目标为导向的评价方法，其中制定阶段实施目标和选择评价指标是这一方法中的核心环节[2]。另有学者总结了北美地区城市规划的评估方法，全面介绍了北美城市规划评估的意义、类型与操作方式[3]。目前我国城市规划的评估研究仍处于初步探索

1　叶祖达. 城市规划管理体制如何应对全球气候变化［J］. 城市规划，2009，9.

2　林立伟，沈山，江国逊. 中国城市规划实施评估研究进展［J］. 规划师，2010，3.

3　宋彦，江志勇，杨晓春. 北美城市规划评估实践经验及启示［J］. 规划师，2010，3.

阶段，并未形成完善的评估方法体系。

城市规划评估方法的发展将进一步丰富城市规划的方法体系，可以预见的是城市地理学中的方法将会应用于城市规划评估。能够将城市规划领域和城市地理学领域区别开来的东西，就是行动意愿的存在以及在改造城市空间时行使权力的前景。如果仅仅是研究、描述和了解空间的占用方式，则城市地理学方法完全能够胜任。这些方法甚至还能让人们在经过必要的一段时间后，事后对城市规划方针和整治行动的结果进行评价，还可以对不必为决策过程服务这件事所带来的方便进行评价[1]。

从全球范围看，继全球化的思潮后，近年来城市规划领域的主要议题是新城市主义和生态城市，新的城市规划方法主要是围绕这两个议题开展实践的。虽然新城市主义旗下的规划方法在历史上也出现过，如针对社区的一系列规划设计方法，但是这些方法在新的时期解决了新的问题，所以也应将这些方法视为创新方法，尤其是以"精明增长"为目标的系列规划方法、以大都市区治理为背景的系列规划方法等，都是颇有实效的创新方法。虽然这些方法在我国落地生根具有一定的难度，但却富有借鉴和参照意义。生态城市的规划理念自引入我国规划领域之后，城市规划的方法从整体上进行了改进，这种改进是基于认识论的层次，将生态城市的理念作为城市规划行为中必须贯穿坚持的法则，城市规划的面貌为之一新。

从对城市规划方法的梳理来看，方法创新的主要动力是外部条件的变化，方法往往走在理论之先。目前我国经济社会各方面的发展趋势预示了城市规划方法将会产生深刻的变革。政治体制改革将会推动城市规划管理体制的创新，经济体制改革将促使城市规划的运作方式发生转变；大学等研究机构的去行政化改革将促进城市规划领域学术研究的繁荣，规划设计院的改制也将对行业的发展产生深刻的影响。从国家层面来看当前关键的政策还是建立城乡统一的建设用地市场，符合规划的城乡建设用地应享有平等权益。在这样的政策前提下，城乡统筹规划中的规划管理、土地管理和社会管理才有可能往纵深推进。

1（法）让-保罗·拉卡兹. 城市规划方法［M］. 高煜译. 北京：商务印书馆，1996.

1.3 主要研究内容

1.3.1 研究视角的选择

近年来城乡规划领域在不断探讨中国的转型发展、新型城市化之路、统筹城乡发展战略、城乡统筹规划，并已形成了丰富的成果，但是很难从这些成果中找出一以贯之的观点，周遍含容，形成完整的系统。一方面这是由"中国特色"所决定的，窃以为所谓"中国特色"就是地方差异性实在太大，并不可能找出某种"范式"解决所有问题；另一方面，是研究领域对方法本身的研究并不系统，基于现象而发展出的"道论"很多，却很难形成城乡统筹规划的方法体系。

中国的城乡统筹规划，确实是富有中国特色的。中国近代的规划，是文化移植的产物，在这种长期文化磨合的情态之下，规划问题从一开始就不是单纯的技术问题，而与中国的政治社会、历史文化等政策问题反复纠结。近年来出现的城乡统筹规划，大多是中国底层的、地方的自发改进和改革的做法，是每个普通人、普通家庭、企业基层和地方改善生活、发展经济的热切盼望。现代城市规划理论在中国耕作经年，终于要结出了中国的果实。所以本研究的第一个视角，就是从中国的基层出发，找到那些分散的、自发的创新，利用现代城市规划的智慧，将其汇集起来，提炼成方法，集中成政策和制度。

其次，既然是研究方法问题，就不得不比较一下"希腊人、近代欧洲人、中国人"这三者的世界观和生命情调。植入来的规划，当然是"希腊人、近代欧洲人"的产品，而城乡统筹规划，却是"中国人"自己的智慧。方东美先生对这"三慧"的评价实在切当：希腊人"以实智照理，起如实慧，演为契理文化，要在援理证真"；欧洲人"以方便应机，生方便慧，演为尚能文化，要在驰情入幻"；而中国人"以妙性知化，依如实慧，演为妙性文化，要在挈幻归真"。"挈幻归真"，作为方法研究的另一个视角，就是要把握文化的源流，并将规划的方法纳入真实的体系中，本研究就是循着从直觉规划走向系统规划的思路开展的。

所以要建立中国城乡统筹规划的体系，研究视角必然出自两点，一是出于基层的视角，从解决问题的实践者处寻求答案；二是出于中国传统文化视角，从文化的角度理解行为。前者求大道周行，后者求和合共生。

1.3.2 相关概念阐释

新型城市化：新型城市化是彻底克服传统城市化弊病，系统构建全新的健康城市化架构的过程。中国新型城市化之"新"不是相对于世界城市化发展史而言，而是相对于中国20世纪下半期以城乡分割为本质特征的传统城市化道路而言，未来应构建与中国新型工业化相适应的、符合世界城市化发展规律和共性要求的科学的城市化之路[1]。

统筹城乡发展：统筹城乡发展是针对以城市为核心、以增长为导向的传统工业化和传统城市化模式弊病，坚持以人为本、将乡村的发展纳入区域发展的框架下统筹安排，建立城市与乡村之间开放融通的发展机制，面向全体国民构建发展机会和公共服务趋于均等的城乡一体化管理制度，联动解决城市化过程中的城市问题与乡村问题、新型工业化发展和现代农业发展问题。推动城乡一体化，建立中国现代社会结构的发展模式[2]。

城乡一体化：城乡一体化是新型城市化描绘的蓝图，在中国体现为城乡经济一体化、社会一体化、制度一体化和城市内部二元结构的一体化。传统城市化以城市为核心，造成城乡分割，导致中国城乡关系紧张。传统城市化是不可能达到城乡一体化的目标的，只有走新型城市化之路才能实现这一终极目标。

城乡统筹规划：相较于传统的城市规划，城乡统筹规划的创新在于：首先，规划的路线从传统城镇化转向为新型城镇化；其次，规划职能的重点从物质空间规划偏向社会治理；还有，规划编制的方式真正体现基层民主和人民当家做

---

1 叶裕民，焦永利. 中国统筹城乡发展的系统构架与实施路径——来自成都实践的观察与思考 [M].
　北京：中国建筑工业出版社，2013：9.

2 叶裕民，焦永利. 中国统筹城乡发展的系统构架与实施路径——来自成都实践的观察与思考 [M].
　北京：中国建筑工业出版社，2013：12.

主。所以，城乡统筹规划是中国特定历史时期系统性的城乡发展策略和社会治理构架。

1.4 研究方法及研究框架

1.4.1 主要研究方法

（1）规范性研究与实证性研究相结合

规范性研究主要体现在对城乡统筹背景、规划价值取向、城乡统筹规划影响力等方面的研究，实证研究主要包括对规划案例的分析、推演。

（2）文献研究法

城乡统筹规划既有历史的渊源，也有现实的参照。城乡统筹规划不能割裂城乡发展的历史，只有把握城乡发展进程中一次又一次的决策和变迁，才能领会城乡统筹规划的真正要义。本书蕴含对城乡发展变迁的理解，也具有对前人相关研究的总结，这些都是研究的前提和基本条件。

（3）系统研究方法

城乡统筹规划是一个动态的、变化的、复杂的系统，本研究需要运用系统分析的方法进行研究。对于城乡统筹规划，要重点分析其规划目的、规划条件和决策构成，只有明确了这几点内容，才有可能建立切实可行的城乡统筹规划理论与方法体系。

（4）定性与定量相结合的方法

城乡统筹规划涉及到多方面的复杂问题，本研究以定性研究为主，适量运用定量分析的方法，比如进行城乡统筹规划的指标决策等。

（5）交叉研究方法

本研究运用了多学科的理论、方法和成果从整体上对城乡统筹规划课题进行了综合研究。社会学、管理学的方法为本研究分析问题、转化矛盾，科学技术哲学的思维方式为本研究提供了思维工具。学科交叉研究方法贯穿本研究的始终。

1.4.2　研究框架图

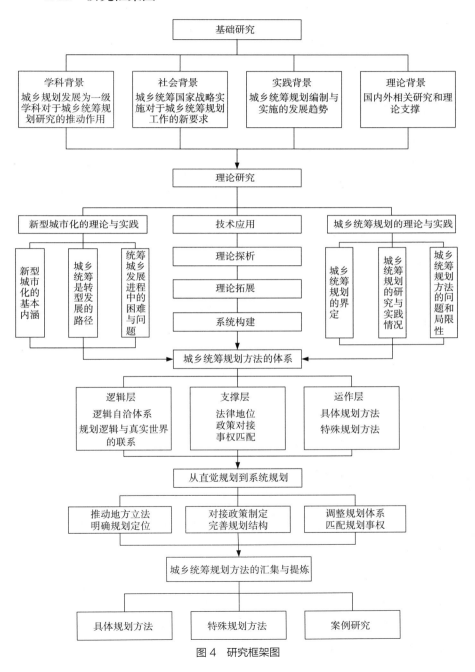

图 4　研究框架图

2. 中国城乡统筹规划的类型与规划方法

2.1 城乡统筹规划的界定

近年来，中国社会各界高度关注"城乡统筹规划"一词，但是对其有不同理解，对于"什么是城乡统筹规划"这一问题的认识也从未统一。从各地陆续开展的城乡统筹规划实践工作来看，想要进一步探究城乡统筹规划的体系构建和制度安排等问题，对基本概念的界定这一工作是绕不开的。围绕"什么是城乡统筹规划"这一问题，本节展开了论述。中国统筹城乡发展的主线是转型发展、提振民生和社会治理，城乡统筹规划在这一历史时期承担了调结构、赋权能、建社区的重要职能。城乡统筹规划自身的逻辑自洽体系应严密，并应与现实发展建立紧密的联系；同时应注意到随着社会的发展，城乡统筹规划的主体和客体会发生变化。在充分论证的基础上，本节界定了城乡统筹规划的概念范围，明确指出了城乡统筹规划是中国特定历史时期系统性的城乡发展策略和社会治理构架。

2.1.1 中国统筹城乡发展的主线

（1）为走向新型城镇化道路调整发展结构

传统城镇化造成了一系列的结构性问题，如严重的城乡二元结构、城市内部贫富差距与社会冲突、城乡经济结构升级缓慢、城乡社区发育不全等，传统城镇化让中国城乡社会经济发展难以为继。叶裕民教授指出，新型城镇化战略谋求城乡发展转型，通向新型城镇化道路的基本方法就是统筹城乡发展，而发展转型中最大的障碍就是传统城镇化遗留的结构性问题。在中国各地正在进行的统筹城乡发展实践中，首先需要破解的就是传统城镇化遗留的一系列结构性问题。调整发展结构是贯穿中国统筹城乡发展的主线之一，也是中国全面深化改革的主要线索之一。

（2）为改善民生持续推进农村还权赋能

改善基层民生的要务在于改善收入结构，而目前中国农民家庭人均现金收入中，占比最低的部分是财产性收入。以四川省为例，近年来由于新农村发展势头良好，农民收入水平持续提高，但是农民的财产性收入几乎仍然为零，这一现象妨碍了农民生活水平的真正提高（图5）。为提高农民的财产性收入，真正提振民生，还权赋能是需要长期持续开展的工作。"还权"指的是基于财产，权利人得到社会承认和保障的一套行为许可；"赋能"指的是赋予更完备的产权权能[1]。目前基层的情况是，权已还，但是能未赋。办理宅基地的产权证容易，但是如何使大量闲置的资产经由灵活的资产转让不断产生更高的价值，是需要进一步精心谋划的。为提高农户的财产性收入，进一步改善民生，需要通过统筹城乡发展唤醒农村沉睡的资产，所以持续推进农村还权赋能是中国统筹城乡发展的长期任务之一。

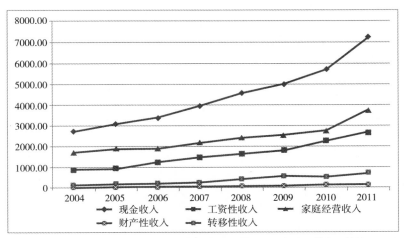

图5　2004～2011年四川省农村居民家庭人均现金收入结构和趋势

资料来源：四川省历年统计年鉴

---

1 周其仁. 城乡中国（上）[M] 北京：中信出版社，2013：172.

（3）为建立成熟社会秩序积极发展城乡社区

统筹城乡发展的第三条主线，是要统筹城乡社区共同发展。建立中国现代社会结构，主要的内涵是建立成熟社会的秩序，为全体国民提供发展机会和公共服务。城乡社区承载人口的空间流动和社会流动，城乡社区的发展，是迈向成熟社会的必经之路。健康发展的城乡社区，是构建中国现代社会的基本细胞，也是建立成熟社会秩序的基础。城市与乡村之间要建立开放融通的发展机制，建立相互之间和谐顺畅的发展关系，建立城乡一体化的管理制度，这一切都应以社区发展为基础。

2.1.2　城乡统筹规划的职能

（1）以结构调整促进城乡发展转型

①根据产业转型升级调整用地结构

由于传统城市化发展模式的局限，地方政府在区域竞争中为了招商引资，为制造业投资者提供低价土地，造成城乡建设用地结构失衡。首先表现为空间城镇化的增速快于人口城镇化增速，如四川省具体表现为工业增加值增速>建成区面积增速>城镇人口增速>就业人口增速（图6）。其次表现为工业用地占比

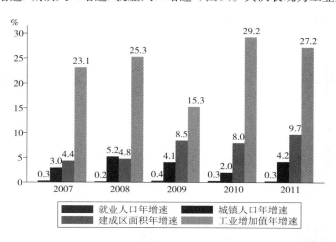

图 6　2007 ~ 2011 年四川省城镇化主要指标对比图

资料来源：四川省历年统计年鉴

过大，如四川省2011年和2012年工矿用地出让比例占到了总土地出让面积的一半以上，平均为54.96%，而商业服务业用地只占12.13%，住宅用地的比例为32.91%。另外还有小城镇和新农村发展受限等问题存在。

城乡统筹规划的首要职能就是科学配置城乡建设用地的资源，调整城乡建设用地结构。因此，城乡统筹规划需以新型城镇化战略为出发点，协调城乡建设用地的投放比例。在控制空间城镇化增速的同时，盘活现有工业用地存量；综合考虑小城镇的用地需求，借助增减挂钩、土地整理等地方性政策，为新农村的发展争取机会。

②根据城镇职能发展调整体系结构

城乡统筹规划根据城镇职能的发展，以城乡一体化为出发点调整城镇体系结构。以四川省为例，首先是要多点多极发展，四川省是西南地区唯一具备多点多极发展潜力的省份（图7），只有实现多点多极发展，才有可能改变资源过度集中的现象，丘区、山区腹地才有可能获得发展机会。

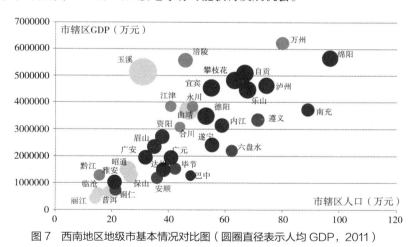

图7　西南地区地级市基本情况对比图（圆圈直径表示人均GDP，2011）

资料来源：四川省历年统计年鉴

此外，城乡统筹规划在体系结构调整方面的落脚点，在于镇村结构的调整。以成都市为例，目前市域有200余个建制镇、数千个聚居点，需要在总结小城镇空间分布和人口流动规律的基础上，科学调整镇村空间的结构层次。是否需要增加新农村综合体的层次，是否需要合并基层社、组，都是城乡统筹规划应深入研究的问题。

③根据供需关系变化调整空间结构

随着新型城镇化的推进，城乡空间也处于迅速的变化演进中。城乡空间结构应根据供需关系的变化适时调整。如成都市以轨道交通建设进一步拉动二、三圈层的发展，这样在城乡空间结构中就出现了TOD发展的新模式，TOD开发模式是综合考虑村镇居民的出行需求、就业需求和消费需求后做出的决策；此外，轨道交通向二、三圈层拓展的同时也催生了多个换乘交通枢纽，促进了城乡绿道网络的发展，进一步改善了城乡空间结构。这些规划内容，都是以"全域规划"的模式编制实施的，这说明城乡空间结构的调整，需要在较大的空间范围内综合考虑城乡居民的需求才会获得成效。

（2）探索农村还权赋能的创新路径

①还权赋能的重点在于规划赋能

政策还权的同时，应考虑到规划赋能的一系列问题。赋能的核心是通过城乡统筹规划的引导，增加农户的财产性收入，充分考虑到市场动态，提出具有可实施性的农户增收方案。四川部分地区统筹城乡发展的创新，就是通过规划充分发挥农户资产的效能，将原有的宅基地规划成乡村酒店、文化创意产业、会所等，这样沉睡的资产就变成了有效的资本。充分赋予农户权能，是实现经济、环境可持续发展的前提条件，还权赋能的重点和难点都在于规划把握市场的能力，也就是规划的创新能力。

②规划创新推进还权赋能的开展

城乡统筹规划的创新，主要体现为制度创新，以制度创新获得规划方案的整体提升。城乡统筹规划标志着中国城乡规划领域全面进入基层公众参与的时代，以基层民主推进城乡统筹规划的编制和实施，是目前中国城乡规划领域的重要发展。在充分发挥基层民主的基础上，才能实现乡村规划师制度。规划沟通了城市和乡村，特别是反映了乡村居民的利益诉求，城乡统筹规划的制度创新说明，只有在充分行使民主权利的前提下，还权赋能才能落到实处。

（3）以规划为媒介推进城乡社区发展

①中国城乡的天然联系在社区

目前中国城乡的天然联系在社区。社会的细胞是社区，社区的细胞是家庭，由于国家保障体系的不完善，城镇化进程中的农户只有选择理性经济家庭的模式，出现大量"二兼滞留"的现象[1]，城乡社区之间的联系，就是城镇化进程中农户家庭的天然联系。城市社区和新农村社区目前面临的问题，实际上是一体两面，既反映出了"二兼滞留"家庭的问题，也反映出农民工自然属性与社会属性的分裂。新型城镇化以"化人"为核心，要统筹考虑城市社区和新农村社区的发展问题，不能一而再地"犯头痛医头、脚痛医脚"的错误。

②城乡社区发展的媒介是城乡统筹规划

中国城乡社区的发展必须以城乡统筹规划为媒介，以家庭为基本单位考虑规划方案。实际上城市规划以家庭为单位考虑社区发展由来已久，所谓邻里单位理论就是"一个组织家庭生活的社区的计划"。而中国城乡的"邻里单位"更为复杂、情况更为特殊，因为城镇化进程中"二兼滞留"的家庭是城乡分离的，所以单方面发展城市社区或新农村社区都不会得到良好的成效。目前在各地新农村社区的建设中，编制规划时会综合考虑农户家庭发展的愿景，比如将来是否会去中心城市置业，家庭成员是否会返乡创业等；而在城市社区的发展中，却很难考虑到流动农民工家庭的发展问题。城乡社区发展中遇到的这些问题，是人和家庭发展的问题，是城乡关系的最具体表现，应纳入城乡统筹规划通盘考虑，才有可能通过持久的努力解决中国式"邻里单位"发展的问题。

2.1.3　城乡统筹规划主体与客体的转型

（1）主体的变迁

研究发现，城乡统筹规划的主体，与已成公论的人权内容的"三代"划分相似，即"从有限主体到普遍主体"，"从生命主体到人格主体"，"从个体到集体"[2]。

---

1 李海梅. 统筹城乡背景下四川农村"空心化"问题及对策［J］成都师范学院学报，2013，2：45-50.
2 徐显明，曲相霏. 人权主体界说［J］中国法学，2001，2：53-62.

　　早期的城乡统筹研究中，关注的重点是农民，对于农民工市民化的关注是近几年才有的事。农民工市民化的问题，有着人权保障上的特殊意义。所以目前学界研究城乡统筹规划，均认为统筹问题不是一个地区范围内的问题，不是一个少数人集团或阶级范围内的问题，也不再是某一个人权原则的问题，而是全国范围内的、彻底的、每个人的问题。

　　从研究新农村建设规划到研究城乡基本公共服务均等化，这个趋势也反映出城乡统筹规划的重点从生命主体到人格主体的转化。用"生命"特征来概括主体理论已无法表达其已丰富和发展起来的新内涵。早期的物质空间规划只能保证生命主体的基本物质需求，但是无法保证法律上的人格都是平等的，其待遇也应该是同等的。所以规划日益重视基本公共服务均等化的问题，这一趋势表达了中国现代社会人权制度化的过程。

　　在城乡统筹规划中，生态环境保护、城乡公共安全、区域平等贸易等问题，从单纯的专业问题，发展为世人共同关心的重大公共问题，体现出了在城乡统筹规划中，人权由过去单纯的个人人权发展为集体人权。环境权、安全权、平等贸易权等构成了集体人权的内容。

　　从人权主体的变迁中，可以看出城乡统筹规划的发展趋势，城乡统筹规划的发展是和人的发展紧密结合的，人权主体范围的扩展和变化决定了城乡统筹规划的研究方向。

　　（2）研究"方法"还是研究"文化"

　　首先，规划作为一种文化现象，如果仅将规划简单归结为排解纠纷的手段和技术，实不可取。目前就有这样的认识倾向：城乡统筹规划是用来解决麻烦的，失地农民的麻烦、农民工城市化的麻烦等，都希望依赖规划解决。实际上规划不仅解决问题，同时也传达意义。规划在任何时候都体现价值，都与目的相关。单纯从功能主义、实用主义的立场理解城乡统筹规划是反文化的。

　　"解释"一词最能体现方法论的复杂性。与自然科学不同，城乡统筹规划具有解释取向是极其自然的，所以研究也没打算把作为研究方法论的"城乡统筹规划"概念表述为真理。因为它需要的不是"科学"的证明，而是经验的说明。当然这里的经验不是依赖于个人体验，而是特定历史时期特定人群的经验总结。所以说城乡统筹规划极具"中国特色"，不了解城乡统筹规划产生和发展的背景——中国国情——就无法真正领会立场和方法。

中国近30年的故事又恰恰体现了亚当·弗格森（Adam Ferguson）指出的"人类行动的后果而非人类精心计划的结晶"的精髓[1]。精心规划的重点城镇并未得到如愿以偿的发展，而往往被规划冷落的角落却日益红火；人们希望农民工能在城市落脚，而农民工往往还是立即将流动资产转换为远在千里之外的农村房产。由于发展的不确定性，只有文化才能成为个人—社会—规划之间的可靠连接，因为人总是生活在他们信其所有的世界中。进而，可以认为衡量规划是否有效的标准是文化上的真实性而非技术上的真理。可见城乡统筹规划在"立场"和"方法"之外，另有"认识"和"解释"方面的问题需要探求。

2.1.4　城乡统筹规划的类型、目标与内容

目前中国的城乡统筹规划，基本上都是在做两件事：一方面是因循传统的城市规划轨迹，围绕物质空间的建设开展工作；另一方面是以新型城镇化理论为指导，开始初步尝试系统性地进行社会治理（表1）。这两方面的工作不能相互否定，既不能偏重物质空间建设规划而忽视社会治理，也不能认为物质空间建设规划是在走传统城镇化的老路。这两方面的工作在中国各个地区，由于城镇化的发展水平不同会各有侧重。由于物质空间建设规划方面的工作具备法定规划的支撑，所以目标和内容均很清晰，目前开展的工作是在原有基础上进行空间的拓展和内容的延伸；而社会治理方面的工作刚刚起步，在原有城市规划的纲目下，难以引入空间规划以外的内容，所以说这方面的工作是系统性的创新，也是对现有城市规划体系的完善。

---

1 罗纳德·H·科斯，王宁. 变革中国——市场经济的中国之路 [M] 北京：中信出版社，2013：206.

我国现阶段城乡统筹规划的类型　　　　　　　表1

规划类型	规划着眼点	规划目标	主要规划内容
全域规划（成都案例）		以宜居、竞争力强、便捷舒适、多元文化为目标，实现市域范围内城乡一体化发展	在深化原城市总体规划内容的基础上，强调新型城镇化的战略转型，抓住全域生态、全域交通和全域公共配套三项重点内容，提出具体的全面转型发展规划措施
新农村建设规划（四川案例）	以物质空间环境建设为着眼点，同时关注人的空间流动趋势，关注空间聚集现象，引导集约高效的空间发展格局	城市近郊：以土地整理为基础，推进土地—户籍—财税联动改革	在城乡规划中稳妥推进城乡建设用地"增减挂钩"政策，同时培育以"增减挂钩"为基础的土地发展权交易市场，积极推动农地整理
		小城镇周边：调整镇村体系布局，改善居住条件，灵活处置宅基地	允许宅基地在一定范围内的流转，鼓励村民腾退、置换宅基地；允许农民分散居住，倡导集中居住，在集约利用土地的同时也应充分尊重农民的意愿
		偏远山区和少数民族地区：政府主导推进新农村综合建设	全力改善边远山区、少数民族地区、贫困落后地区的人居环境；新农村建设与扶贫开发结合，与产业项目结合，与历史文化结合，在充分考虑当地民俗风情的基础上落实规划方案
专项规划		基础设施和公共服务设施实现城乡一体化	基础设施和公共服务硬件设施由城市向农村延伸
以新型城镇化规划为统领的城乡经济社会综合发展与治理系统规划（四川案例）	以社会治理为着眼点，同时关注人的社会流动趋势，注重分析人的社会阶层和就业特征，并以之为依据系统推进新型城镇化、新型工业化和农村现代化	建立城乡基本公共服务系统，以标准化推进均等化	统筹规划医疗卫生、教育、文化、体育等公共服务资源，构建全域覆盖、城乡一体的均等化基本公共服务体系
		引导区域产业发展，建立战略功能区体系；引导人力资本积累，扩大就业	在把握集聚和扩散的基础上制定区域产业发展规划，进行区域就业人口发展与稳定分析研究，推动产业和就业协同发展
		建立城乡社区治理的结构和机制	包括城乡社区服务体系建设规划、新型农村社区发展规划、基层民主推进城乡统筹发展的机制建立等
		引导农村集体土地流转，深化农村产权制度改革	探索还权赋能的创新路径，通过城乡统筹规划提高农村居民财产性收入水平
		构建规范化服务型政府，建立覆盖城乡的公共财政制度	做好新型城镇化规划的顶层设计，并将其作为自上而下社会治理的起点
		推进城乡规划理念、制度和管理体制改革，建立城乡一体化的规划体系	补充完善现有城乡规划体系，根据统筹城乡发展的要求进一步完善规划编制、审批和实施的制度、程序和内容

如果从比较城市化的视角看基于社会—政治关系的规划形式，那么无外乎就是4种类型，第一种是对于目前的规划，其余三种分别是面向未来、关于未来和源自未来的规划[1]。以传统城镇化为背景的规划形式基本上是对于目前的规划，规划模式是分析问题之后设计干预方法，权衡资源分配，规划行动的结果是改善当前问题。这种规划的问题在于，往往随意更改未来前景，所以规划只能通过减少未来负担和当前问题的后遗症来实现。

传统城镇化是没有未来可言的。而以新型城镇化理论为指导的城乡统筹规划，是面向未来、关于未来和源自未来的规划。新型城镇化理论树立了未来的前景，就是城乡一体化的蓝图。规划是根据理想的未来进行决定，分配资源；理想的未来是基于现状和预期的新的价值观。"如今我们必须得出不同的结论，可取的未来景象正成为未来发展重要的决定因素……将规划的意愿和可能成为什么的想象结合考虑，它能够用以指导产生新的社会形态与结果，使一个社会能够创造它相信的'应该成为什么'，而不是将'现在是什么'或'已经是什么'延伸到未来。"[2]

2.2 城乡统筹规划的中国特色

2.2.1 全域规划中的战略规划方法

全域规划之所以能够在众多类型的城乡统筹规划中脱颖而出、占据主流，主要的原因是在于全域规划在城乡总体规划的基础上引入了新型城镇化战略的内容。全域规划中的战略规划方法，主要就是指对于新型城镇化战略的理解和应用。以成都为例，成都正处于城镇化与工业化的战略机遇期，亟须通过转型提升，并追赶国内外大都市的先进理念，实现跨越式发展。成都的全域规划通过反思现状与现有规划，对比国际国内先进做法，在城镇体系、生态、产业、交通、配套、文化等方面提出了成都的新型城镇化战略举措（表2）。

---

1 （美）布赖恩·贝利. 比较城市化［M］. 顾朝林等译. 北京：商务印书馆，2010：196.

2 （美）布赖恩·贝利. 比较城市化［M］. 顾朝林等译. 北京：商务印书馆，2010：203.

成都市全域规划的新型城镇化战略措施[1]　　　　　表2

战略目标		实施路径	规划举措
一座拥有优良环境品质的宜居之城	保护市域生态本底,生态用地占全域80%以上	多心多廊,优化全域城镇体系筑牢本底,保护全域生态格局	按照宜居城市的标准,合理确定与资源环境承载力相适应的人口容量和城镇规模
			按照资源配置优、产业布局佳、生态环境美的要求,优化城镇体系
	划定生态红线,核心生态资源占全域60%以上		划定生态红线,严格保护生态本底
			扩大重要水源地保护范围
	城区构建"10分钟公园圈"、"10分钟生活圈"		"2040"绿色行动:在市域共规划形成20处大型湖泊湿地和40处市级大型公园
		以人为本,提升全域公共配套	中心城:按照"15分钟公服圈规划"的要求,加快公共服务设施的建设
	形成全域覆盖、统筹城乡的6级12类城乡公共配套体系,实现城乡基本公共服务均等化		卫星城、区域中心城镇:城区加快编制"10分钟公服圈规划",对公共服务设施建设进行指导
			小城镇:按照"1+27"标准进行配置
			农村、新型社区:按照"1+21"标准配置
			公共服务圈按照集中集成的原则形成社区服务综合体及社区中心
一座拥有国际竞争力的成功之城	2000万人集聚的现代化国际化大都市	创新驱动,实现全域产业转型	建立与城镇体系相匹配的产业布局
	国家重要的高新技术产业基地和商贸物流中心		划定全域工业用地增长边界,保障工业发展空间
	西部中心城市		按照产城一体要求,完善园区公共服务配套
一座便捷舒适的畅通之城	国际区域性综合交通枢纽	网络互联,完善全域交通网络	构建"半小时市域交通圈和半小时城区交通圈"
			加强区域快速交通走廊的复合化,形成强大的交通运输能力,支撑走廊式、组团化、网络化发展
	构建"半小时市域交通圈和半小时城区交通圈";公交分担率>60%,市域轨道交通占公交比重>50%;轨道交通覆盖至小城市,公共交通全域覆盖		统筹全域公共交通发展
			构建三级换乘枢纽,加强各种交通方式的无缝驳接,强化市域综合交通枢纽规划建设

1 成都市规划管理局,成都市规划设计研究院. 优化全域成都规划,推动城乡发展转型升级［R］. 2013.

战略目标		实施路径	规划举措
一座赏心悦目的文化之城	兼具川西特色与国际风貌的国家历史文化名城，引进世界级博物馆，规划建设7处大遗址公园	人文魅力，建设国际文化名城	保护和利用好核心文化遗产资源，积极申报世界遗产
			建设国际知名文化地标
			规划建设7处大文化遗址公园
	国家重要的旅游中心城市		打造精品天府古镇古村

这些战略目标—实施路径—规划措施，与成都的战略定位（西部经济核心增长极，生态宜居的现代化国际化大都市）是一以贯之的，成都全域规划是新型城镇化战略的空间推进方案，而不是简单的规划拼合。成都全域规划的中国特色体现在两个方面，一是还权赋能的政策支撑，二是保留乡土文化的基因。

还权赋能的工作是全域规划的基础，统筹城乡发展，首先面临的问题是城乡居民在财产权利方面的差别。城市居民的房产可以抵押，也可以合法转让，由此可以分享城市发展中房地产资产增值的种种好处。农民的土地和房屋，权利多受限制，产权功能极不齐全。农村居民的资产数量不少，但是用索托的话来说，这些只不过是些沉睡的资产，并不是有效的资本。索托发现发展中国家产权界定方面普遍不清晰，尤其是对于穷人来说，不能经由灵活的资产转让不断产生更高的价值，大量穷人的资产没有权威的法律界定。实际上中国城市居民的房产权利也是1998年"房改"之后才有清晰的界定的，之前的产权类别林林总总，如央产房、校产房、军产房等，市民只能居住不能转让。"还权赋能"对于赋予农民产权权能具有决定性的意义，这样农民才有可能在城镇化的进程中获得实际利益，才会支持和顺应各项规划安排。"还权赋能"政策是各类城乡统筹规划的前置条件，没有这项政策，任何城乡统筹规划都无法顺利开展。

成都的乡土文化基因是林盘。林盘是指成都平原及丘陵地区农家院落和周边高大乔木、竹林、河流及外围耕地等自然环境有机融合，从而形成的农村居

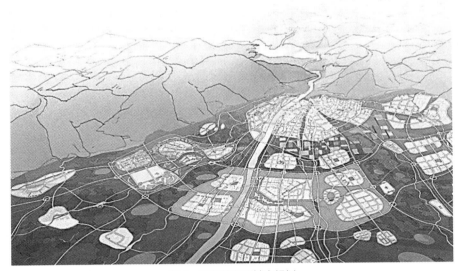

图 8 成都的田园城市规划

住环境形态。这是成都农村地区最具特色的空间形态。在"三个集中"推进的初期，有部分林盘被毁，引起了社会各界的广泛关注。为了使成都在城市化进程加快的过程中，成都平原古蜀文化得到有机延续，成都在统筹城乡发展中，不遗余力地保护林盘这一特色元素。林盘保护与历史文化名镇名村的保护协同开展，新的农村居民点也尽量保留原有的林盘聚落形态，通过不懈的努力，在成都市的城镇化进程中，林盘这一乡土文化基因基本上保留了下来（图8）。

2.2.2 新农村建设规划中的基层公共参与方法

以基层民主推进统筹城乡发展，是具有中国特色的社会治理实践。新农村建设规划，是中国目前公共参与程度最高的规划类型，这一现象与中国的民主改革进程密不可分。奈斯比特（John Naisbitt）认为，民主的方式很多。"垂直式民主"适合中国的历史、文化。世界上普遍认同的对民主的定义之一就是人民自主，其终点是人民当家做主，如何达到可以有很多条路。在基层，人民可以做实际的经济决定，这是自下而上；自上而下，有制定框架的最高领导层，有了框架，底层的决定才能被实现。

郫县、双流等平原地区的新农村基本上达到了成熟健康发展的阶段。比如郫县三道堰镇青杠树村，这个村的规模属于中等，有11个社，685户人家，共2183人，面积$1.8km^2$，耕地1888亩，人地关系很紧张。村成立了集体资产管理有限公司，并投入运行。银行融资款项已到位，并正在使用。截至2013年上半年，共签署安置协议604份，涉及2039人，占规划安置人数的97%以上，所有安置点内已签约农户已全部拆除平场。

青杠树村新农村建设的模式是进行土地综合整治，就是整村统规统建，但并不是完全集中，而是分6个组团灵活布置。农民自主实施土地综合整治、集体建设用地开发、农村产权抵押融资，青杠树村的着眼点在于"自由"。拿上宅基地本，村民们到县国土局"小本换大本"，再以宅基地作为抵押，向成都农商银行融资建新房。"整理出的305亩集体建设用地，村民们决定自行招商引资，发展产业。"青杠树村已经引进4家公司，到村里发展乡村酒店、文化创意产业、会所等。

有一个细节，就是新农村的户型设计考虑到了未来发展乡村旅游产业的需求，每一个卧室基本上都是客房标准间，这样农户将来营业的时候就不用二次装修了。青杠树村的发展是社会共建的，社会治理充分发扬农村基层民主，而且无论在经济上还是环境上都实现了可持续发展，所以这个案例是具有参考价值的。

规划中的公众参与形式，一直都是被讨论的重点，规划界普遍认为，"告知式"的规划编制方式不能满足公众参与的要求。新农村建设规划打破了这一僵局。事实证明，大家坐下来谈一谈，是规划编制的最佳方式。乡村规划师制度也是促成这一局面的重要因素。四川的新农村规划是建立在基层民主的基础之上的，由此衍生出多种新农村规划模式，其中乡村规划师制度最具优越性。为了解决农村规划基础薄弱的问题，2011年，成都在全国首创乡村规划师制度，为全市所有196个乡镇配备共计150名乡村规划师。乡村规划师制度进一步发挥了基层民主的优势，引导村民行使自己的民主权利。

乡村规划师是城乡规划制度上一个非常大的、非常有意义的创新。叶裕民教授认为，中国目前大部分规划都是纵向的、自上而下的，村民只有接受的份。而乡村规划师可以起到沟通城市和乡村，特别是反映乡村居民利益诉求的作用。乡村规划师制度进一步证明，在充分行使民主权利的前提下，还权赋能才能落到实处。

2.2.3　专项规划中的基本公共服务均等化方法

在统筹城乡发展中，对于公共服务的认识是不断深入的。起初，对于公共服务的认识十分宽泛，城乡规划领域对于公共服务的认识基本上是从三个角度出发的，即从提供物品的角度、从政府的角度和从服务的角度，这样难免形成不同的理解。由于在理论方面主权事务和人权事务的模糊，产生了泛化公共服务的倾向，诸如政府管制、行政处罚等事务都被纳入公共服务的范畴[1]。随着认识的深入，规划界发现，公共服务有不同的层次，社区的、城市的、国家的都可以成为公共的范围。公共服务的层次、范围、水准具有相对性，因为公共性是相对的。

在此基础之上，城乡统筹规划进一步界定了"基本公共服务"的范畴。叶裕民教授认为，基本公共服务是指具有福利性的、非物质形态的公共产品服务，包括公共基础设施、教育、就业、社会保障、医疗卫生相关服务等内容。这些内容不可能简单通过提供物品实现，从城乡规划的角度来说，只能通过调整城镇体系的结构和层次实现。比如在四川省的盆周山区，农村居民点与县城的联系较弱，而与小城镇的联系紧密，那么积极培育5000人以上的重点镇，就是提高基本公共服务水平的方法；而在平原丘陵地区，县城的发展具有优势，可达性也较好，所以将具有发展潜力的县城，培育为中等规模的城市以提供优质公共服务，带动地区统筹城乡发展的水平，是区域规划的主要思路。

所以对于基本公共服务均等化的布局来说，不仅仅是设施延伸和拓展的事，

---

1 柏良泽. "公共服务" 界说［J］. 中国行政管理，2008，2：17-20.

而是事关全局，需要统筹考虑。基本公共服务均等化的布局，需要和城镇体系的调整相结合。目前四川省镇村体系调整的主要思路就是进一步提高基本公共服务的水平，其中也存在一些争论，如是否需要增加新农村综合体的层次。这一层次介于乡镇和居民点之间，在四川省部分地区（如自贡）获得了良好的成效，但是并不一定适合于全面推广，因为不同地区城镇体系的结构存在较大的差异。

所以说，单独依靠专项规划推进城乡基本公共服务均等化是困难的，必须结合城镇体系规划的调整，才有可能获得良好的成效。

2.2.4 新型城镇化规划中的系统性方法

新型城镇化规划具有系统性、社会性和创新性。虽然中国目前并未明确新型城镇化规划的法律地位，但是从目前的规划实践来看，基本上是作为省域城镇体系规划的前期研究部分开展工作，实际上就是省域城镇体系规划的主要战略支持内容。从山东省新型城镇化发展规划目前的实践来看，城乡一体化发展的策略和架构是较为系统的（图9）。

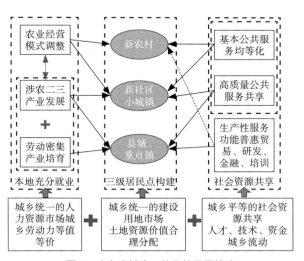

图 9 山东省城乡一体化的发展战略

资料来源：山东省新型城镇化发展规划（2013～2020）

新型城镇化规划的系统性主要体现为将城镇化的发展作为一个大系统进行考虑，以就业支撑和资源共享为基础，以城乡统一的建设用地市场为依托，进行城乡三级居民点的构建。这样要比单一的物质空间建设丰富而具体，同时也涉及到了福利性的、非物质形态的公共产品服务的提供。从统筹城乡发展的具体指引来看，体现出了系统分类指导的思想。山东省是以县域为基本单元推进统筹城乡发展的，根据县域的经济发展、人口聚集、生态本底等条件，山东省将县域统筹城乡发展分为五种类型，分类推进（图10）。

（1）县城带动激励发展型

加强培育本土制造业优势，吸引乡村人口向县城集中。建立针对生态农业、农产品深加工和物流市场的财税返还政策。提升县城公共服务质量，实现村镇基本公共服务全覆盖，完善小城镇生活服务和养老服务功能，促进城乡居民平等共享社会公共资源。

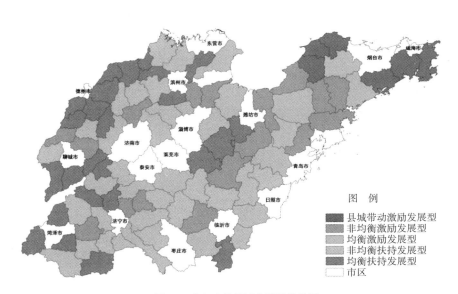

图 10　山东省统筹城乡发展的分类

图片来源：山东省新型城镇化发展规划（2013～2020）

（2）非均衡激励发展型

培育本土优势制造业，鼓励县城对接核心城市和大城市主导产业链延伸配套，鼓励建立对口合作关系，加强港口、交通服务支持。通过财税返还、农业技术培训等政策措施，支持生态农业、农产品深加工和物流市场发展。提升县城和重点镇的公共服务质量，实现村镇基本公共服务全覆盖，完善小城镇生活服务和养老服务功能，促进城乡居民和外来劳动者平等共享社会公共资源。

（3）均衡激励发展型

全面推动小城镇扩权改革，试点农村集体经营性建设用地与县城和重点小城镇建设用地自由流转，激发小城镇发展活力；适度推动新型农村社区建设，可通过企业参与的BT或BOT方式，减少县级财政资金运作压力。

（4）非均衡扶持发展型

吸引人口向县城、具有县域次中心作用的小城镇集中；支持重点小城镇发展，并通过扩权改革、土地指标补贴支持、小城镇税收整体返还和省市财政资金帮扶政策予以保障。部分重点镇周边可适度推动农村新型社区建设。

（5）均衡扶持发展型

提升县城的公共服务质量，保障城乡居民无差别共享县城公共服务政策，以县城为平台扶持发展基于基本就业需求的职业教育培训。扩大村镇基本公共服务覆盖面，完善小城镇生活服务和养老服务功能，促进城乡居民平等共享社会公共资源。

山东省统筹城乡发展的总体目标是引导人口集聚、实现县域稳定发展，农业现代化有序推进、涉农三次产业协调发展、形成相对均质和高质量的基本公共服务平台。在这一总体目标的要求下，针对县域单元的发展特点制定了具体的规划措施（表3），这是统筹城乡发展的基本要求，在此基础之上，鼓励各县的差异化发展探索。

表3

山东省统筹城乡发展的措施框架

注：表中"管理、财税、产业、人口、土地、职业教育与培训"各列属于"统筹城乡发展的措施"。

发展类型	亚型	发展动力与模式	空间集聚方式	总体策略	管理	财税	产业	人口	土地	职业教育与培训	农村发展模式
县城带动激励型	—	发展本土优势制造业、都市农业、休闲产业	人口向县城集中	城乡公共服务均等化，建立高品质城乡关系	优先试点省管县体制	农村金融体制改革，针对生态产业、农产品深加工和物流业	扶持休闲农业，引导社会资本参与	建立城乡一体化社会保障体系	农村集体建设用地分离，土地用途引导与管制	职业基础教育、现代农业科技培训	高品质乡村环境改造
	非均衡发展型	发展本土优势制造业，都市区产业扩散与内需型服务业拉动，发展本土优势制造业；农产品深加工业与物流	人口向县城和重点镇集聚，农村兼业化，吸引外来人口	赋予优势镇等同县城的发展权利和发展机会	适度降低设市标准，推动镇改市试点	流通市场发展的财税返还政策，产业承接扶持和税收分享政策	加强港口、交通服务支持，扶持高效益农产品生产、加工，物流全产业链	外来者落户政策；为农民工和外来人口提供的医疗、就业保险	农村集体经营性建设用地自由流转		适度推动农村新型社区建设
	均衡型			依靠市场作用激励小城镇发展	全面推动小城镇扩权改革						
扶持发展型	非均衡型	中心城区劳动密集型产业扩散与内需型服务业拉动，农产品加工业，其他劳动密集型产业	人口向县城、重点镇集中	支持县城发展，培育具有县域次中心作用的小城镇	经济发达县尝试扩权改革	小城镇税收整体返还，省市财政投资、财政扶持、金融政策扶持、市场化手段支持生态发展	扶持优势产品加工企业，优势劳动密集型产业，建立交易机制，支持产业格局调整	城乡居民无差别共享县城公共服务	重点小城镇土地指标倾斜	基于基本就业需求的职业技能培训、农业技术培训，乡土文化培训	重点镇适度推动农村新型社区建设
	均衡型	其他劳动密集型产业流，其他劳动密集型产业	人口向县城集中	加强县城发展带动作用	优先试点省管县体制	省财政投资、财政扶持、金融政策扶持、市场化手段支持生态发展			县城土地指标补贴		农村改造、空心村整治

资料来源：根据《山东省新型城镇化规划（2013～2020年）》整理

从县域单元发展的指引可以解读出山东省新型城镇化发展规划的系统性思维和差异化原则，同时也能看出社会治理的路径。

首先是改变传统的社会管理模式，改善上级政府的统筹协调和监管方式，发挥地方政府，特别是县级单元、乡镇的自主管理能力，不断强化上下级政府在社会治理体系中的互动关系，建立高效、公平的政府治理体系。

其次是重视面向民生的社会服务体系建设，在满足现有城镇人口发展需求的同时，还要关注城镇化进程中转移人口的需求，促进农村转移人口融入城市社会和社区，逐步建立满足多元需求、高度包容的社会治理体系和社会服务。

再次就是城乡社区基本单元建设，通过了解居民意愿、完善公众参与，建立城镇社区治理体系；通过鼓励村民自治等基层治理方式，倡导自下而上的社会治理，激发自下而上的城镇化动力，促进城乡社会的和谐发展。

总之，新型城镇化规划对于统筹城乡发展进行了系统性的构建，规划的目标、内容和具体措施都是对现有城乡规划体系的完善，所以新型城镇化规划是对目前城乡统筹规划较全面的表述途径。

2.3 城乡统筹规划的实施成效和评价

2.3.1 推行城乡统筹规划取得的成绩

四川省近年来全方位推进城乡统筹规划的编制和实施，取得了举世瞩目的成绩。主要体现为城乡收入差距缩小、基本公共服务水平提高和新农村建设独具特色三个方面。

（1）城乡收入差距缩小，成都城乡统筹水平全国领先

四川省全省城乡差距缩小，城乡收入比由1994年的3.5：1，减小到2012年的2.8：1，位于西部第1，全国第10。成都城乡统筹推进速度加快，2012年城乡收入比实现2.35：1，省会城市中为最小；成都农村新型社区服务配置标准达到"1+23"。四川省、成都市在缩小城乡收入差距方面确实做出了成绩（图11）。

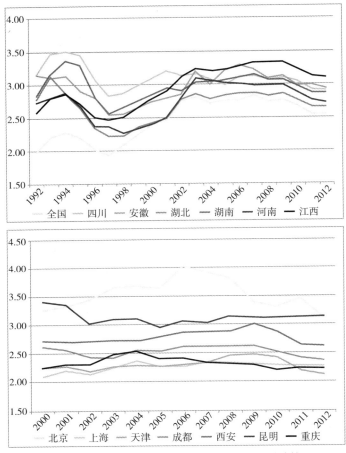

图 11　四川省和成都市在缩小城乡收入比方面的成绩

资料来源：中国、四川省历年统计年鉴

（2）除少数偏远乡村外，城乡基本公共服务基本实现全覆盖

硬件配置基本齐全，"1+6"农村公共服务体系在全省逐步推进；交通出行基本可行，建制村通达率达99.98%，通畅率为58.58%，乡镇通畅率为91.4%，乡镇客车通达率达95%，建制村客车通达率达76%；城乡医疗教育全面覆盖；农村饮水问题全面解决。

（3）新农村建设结合了地方特色，也考虑了与产业融合

四川省结合项目进行土地流转、扶贫开发、灾后重建、生态移民、牧民定

居等工程，已建成农村综合体和聚集点1.7万个，涉及农户146万户，使10%的农户基础设施得到改善。

四川省在新农村建设中做到了因地制宜，风貌特色多样，如彝家新寨、巴山新居、甲居藏寨、川西林盘等，都与地方的地理特征和文脉风貌有较好的结合（图12）。

宣汉县重石新村　　　　　　西充县双龙桥新村　　　　　　汶川县老人村

双流县天寺村　　　　　　　　　　　　双流县地平村

石棉县安顺场新农村　　　　　　　　　渠县天山新农村综合体

青川县阴平新村　　　　　　　　乐山市金口河区彝家新寨

图 12　四川省各地的新农村发展面貌

图片来源：中共四川省委农村工作委员会提供

2.3.2 城乡统筹规划方法本身存在的技术问题

（1）理论支撑不足

统筹城乡发展的核心理论聚焦于空间和人。首先，传统城市规划理论体系的重心偏向城市。在中国，理论界对于县级以下行政单元的规划研究偏弱，尤其是对县域空间聚集的机制并未完全理清，现有的理论研究对县域城镇化的解释和引导不足。对于目前中国多省区县域城镇化蓬勃开展的情况，目前的理论研究并未明确指出：县域的空间聚集现象是城镇化的必经阶段吗？县域真的是中国城镇化的主战场吗？县域范围是最适宜于统筹城乡发展的空间单元吗？中国各省的情况千差万别，就算是沿海四个经济较发达的省区——山东、江苏、福建和广东——城镇化的路径也完全不同。所以理论研究中，最先要解决的问题就是各地城镇化进程中空间集聚和扩散的机制问题。

其次就是关于人的研究，在城乡统筹这一大的战略背景下研究乡村环境行为，应着眼于城乡统筹规划的空间、社会政策对于乡村环境行为的影响，同时也得考虑如何基于乡村环境行为的研究制定具有创新性的规划决策。但遗憾的是，目前这些基础性的研究还很难为具体的规划提供支撑条件。从江西客家地区来看，中国传统文化对于乡村环境行为具有较强的规范和约束作用，传统文脉的延续总的来讲是可以促成积极的乡村环境行为的；城镇化对于乡村环境具有较大的冲击，不同的城镇化模式会引发不同的环境行为模式；城乡统筹规划从城乡物质空间塑造和优化区域发展政策两方面引导环境行为的和谐发展。城乡统筹规划需要加强空间聚集和环境行为方面的理论支撑。

（2）对方法论的认识存在偏差

作为技术的一般思路，对方法论的认识十分关键。目前很多地区在认识上并没有把统筹城乡发展作为新型城镇化的主要方法进行研究。有两种比较典型的认识：一是城乡统筹就是调整地权，二是城乡统筹等同于新农村建设。这样一来，城乡统筹规划的方法就等同于土地整理、确权、"增减挂钩"的方法，也等同于新农村建设规划，前一种认识是片面的，而后一种认识是不合时宜的。

首先，从地权的逻辑出发，推进统筹城乡发展并无问题，但是过分在土地上做文章，发展就会陷入瓶颈。道理很简单，一般所讲的土地资源是指具体的土地，而城乡建设用地增减挂钩中，农村集体整理建设用地所结余出来的宅基地只是通过复垦为耕地而变成城市建设用地指标，然后由地方政府收购为指标。如果离开城乡建设用地增减挂钩这一政策，那么偏远农村建设用地的资源性质就大打折扣。我们不可能通过自己的政策设计再来寻租，凭空创造出土地利益。再怎么说，调整地权还是处于调整生产关系的范畴，而不是在生产领域做文章[1]。

新农村建设方面，目前也体现出了宏观负效应，主要是由于地方政府操之过急，一方面想通过"增减挂钩"政策获得土地指标拓展城镇建设用地，另一方面急于改变乡村面貌获得政绩。新农村建设广泛提高负债率，增加了农民负担。四川省各地的新农村建设对农民的补助为2~10万元不等，2~3万元居多，而建一座新房至少需要15~20万元。由于政府补贴加强了农民的消费"意愿"，但新房不是农民最需要的物品，被拆的房屋有近1/3是5~10年以内修建的，居住功能并没有丧失。在2~10万元的补贴的诱惑下，在"政府必拆"的大环境下，农民"自愿申请"参加新农村建设。以每户贷款10~15万元计算，四川省农村居民2012年人均收入11300元，按平均每户3.1人计，年户均收入为33900元，四川省农村恩格尔系数为40%，加上30%的生产收获支出，每户平均剩余10170元，不计利息的情况下农民要10年到15年才能还清贷款。所以说，统筹城乡发展仅仅关注调整地权和新农村建设两个方面是没有出路的。

（3）方法不成熟

识别具有发展潜力的地区，是统筹城乡规划的重要内容。尤其是在四川这样的人口大省，小城镇点多面广，分布密集但是规模偏小，在小城镇的发展方面，需要识别出重点镇，积极培育重点镇，为丘陵地区和盆周山区提供优质的公共服务，但是目前对于具有发展潜力地区的识别能力不足。一方面是因为对于乡镇一级的数据整理工作欠缺，尤其是对于经济发展和人口流动等关键指标

---

1 贺雪峰. 地权的逻辑［M］. 北京：东方出版社，2013：288.

缺乏系统性的把握；另一方面是没有建立起一套完整的城乡发展联系体系，对于小城镇的发展轨迹缺乏把握。

2.3.3 规划方法不适用的问题

规划方法不适用，就是指规划方法脱离发展条件。四川省的实践证明，不能以"增减挂钩"作为统筹城乡发展的主要方法，这一方法只能在有限的地区施行。成都的城乡统筹规划方法在丘陵地区难以推行，丘陵地区的方法在盆周山区也不适用，少数民族地区的方法则更加特殊。成都的方法难以在全省推广，这是因为成都统筹城乡规划方法的核心是还权赋能，还权这部分工作各地区都能做到，但是由于发展条件的不同，赋予产权权能的难度在各地并不相同。

在成都市第一、二圈层，由于城市建设用地指标紧缺，所以以"增减挂钩"政策容易实施，农户宅基地的权能被挖掘得非常充分，农户财产性收入也提高得很快。但是在丘陵地区，"增减挂钩"的实施推进比较困难，所以有学者认为，只要允许建设用地指标跨区县流转，那么丘陵地区城乡统筹的工作就会容易很多，这一观点实际上是颠倒了"增减挂钩"的逻辑。

城市建设用地指标的稀缺性，实际上主要是由城市发展本身决定的，城市建设用地不可能无限扩张，尤其是在逼近生态底线的情况下，"建设用地总体不增加，农地总体不减少"也是在一定区域内相对而言的，实际上城市中心城区增长的边界是有限的，所以"增减挂钩"政策进一步推行的空间非常有限。

从市场的供求关系来看，成都市"增减挂钩"指标市场的高位运行，表明建设用地指标目前是供不应求的，如果允许跨区县流转的话，市场情况就会发生变化，供求关系会发生逆转，这样一个依据稀缺性而存在的扭曲的市场也就不复存在了。

所以归根结底，不能将"增减挂钩"的难度等同于城乡统筹发展的难度。取消了"增减挂钩"的政策，统筹城乡发展也应正常推进，赋予产权权能的难题是由城乡社会经济发展水平所决定的，也是城乡统筹规划最需要破除的桎梏。所以，检验规划方法是否适用，标准在于是否适用于当地的发展条件，是否适用于当地的社会经济发展水平，并且需要尽快脱离"增减挂钩"的语境。

2.3.4 规划方法在现有体制下难以施展的问题

新型城镇化规划框架下已经形成了一套较为完整的目标和方法体系，这些方法为社会治理提供了"一揽子"解决方案。但是实际上在现有的规划体制下，这些方法很难有施展的机会，总的来说是目前的规划还是靠直觉而不系统。主要原因有四个方面。

（1）规划对象不具体

与传统的城市规划不同，城乡统筹规划的对象是城乡关系，也可以描述为城乡一体化的程度，规划的目的是缩小城乡差距，提高社会的整体文明程度。可以认为城乡统筹规划的对象是靠各种内在关联组织起来的、相对自足的复杂整体，当然可以认为所有规划的对象都有这样的特性，只不过城乡统筹规划的对象更加完整，更具社会性和系统性。这些较为抽象的内容在具体的规划中难免走样，也难以量化，所以很多地区热衷于建设新农村这样的形象工程。

（2）规划定位不清晰

城乡统筹规划定位不清晰，指的是很多地区并没有将城乡统筹规划纳入法定规划体系。有的观点认为，城乡统筹规划应从省域层面加强顶层设计，基于国情，省域城镇体系规划有很多先天的优势。省域的范围非常稳定，包括空间界线和文化形态，从地方立法权限方面来说，省域层面的城乡统筹规划可能与地方性法规的修订密切相关，可以增强规划的影响力；另有观点认为，现行的省域城镇体系规划存在一些问题和局限，如计划经济的色彩强烈，规划中的多项表述缺乏新意等；从省域层面出发也很难解决镇村发展中的实际问题，所以倾向于将城乡统筹方面的规划内容纳入地级市和县域的总体规划中。定位不清始终困扰城乡统筹规划，造成目前的规划困境。

（3）规划结构不完善

规划结构不完善主要指的是规划与政策对接的结构设计并不完善，规划内容难以形成为地方政策。地方政府对不同层次城乡统筹规划的政策含义认识不清，对从顶层设计到政策实施的整套流程的把握差，难以实现地方政策与城乡统筹规划的对接。

（4）规划事权不清晰

目前的规划管理体制仍然以项目审批为核心，社会治理的架构基本上与项目审批无关，从规划管理的角度看很难找到切入点。方案中的涉农项目，也大多数归口农工委等部门协调，城乡统筹规划在很多情况下是"没有项目的规划"。城乡统筹规划涉及发改、国土、农业、规划等多个部门，但目前规划的事权并未明确，从地方城乡统筹规划的实施部门来看，既有发改委部门主导的，也有农业主管部门领衔的，城乡规划主管部门的影响力弱。

鉴于以上认识，本书特意安排了第四章探讨从直觉规划到系统规划的转变。

2.4　本章小结

城乡统筹规划是城乡规划学科的核心研究内容，具有丰富的内涵与外延，并对中国的城乡一体化发展具有很强的影响力，是中国新型城镇化的必由之路和基本方法。中国统筹城乡发展的主线是转型发展、提振民生和社会治理，城乡统筹规划在这一历史时期承担了调结构、赋权能、建社区的重要职能。城乡统筹规划是中国特定历史时期系统性的城乡发展策略和社会治理构架。

城乡统筹规划极具中国特色，在全域规划中引入了新型城镇化的战略内容，在新农村建设规划中创新了城乡规划的基层公共参与方式，在专项规划中完善了基本公共服务均等化的布局方法，城乡统筹规划方法在新型城镇化规划中开始具备系统化的特征。

从中国推行城乡统筹规划的实践来看，在取得一定成绩的同时也存在诸多弊病。其中城乡统筹规划方法本身存在一定的技术问题：方法还不成熟；一些地方政府急于求成，并未意识到城乡统筹规划的方法具有地域性和针对性，会发生水土不服的现象；由于城乡统筹规划的体系并未建立完善，所以目前很多规划方法在现有规划体制下难以施展。

3. 城乡统筹规划方法的理论研究

3.1 现阶段中国城乡统筹规划的理论拓展

3.1.1 城乡规划理论的发展

城乡统筹规划理论与方法的研究，需要了解城乡规划学科理论发展的阶段，把握学科整体的理论发展趋势，并且对学科近期的理论思潮和最新动态有较为清晰的认识和判断，才能确定城乡统筹规划总体的研究方向。根据张庭伟教授对学科理论的梳理可以得知，城乡规划理论分为三个方面，首先是"城市理论"，这部分内容是对城市本身的认识；其次是"规划的理论"，这部分内容是对规划的认识，即规划能做什么、规划师的角色等；再次就是"规划中的理论"，这部分内容主要探讨具体应该怎样做规划这个问题。

城乡统筹规划理论也应包涵这三个方面的内容，应从城乡统筹角度形成对城乡关系的新认识，应明确城乡统筹规划的定位和作用，还应提出城乡统筹规划的具体方法。理清城乡规划学科的理论脉络，有助于建立城乡统筹规划的理论体系。

（1）城市理论的发展动态

城市理论几乎包罗万象，从城市发展史到城市经济，从城市管制到城市社会，不同的专业从各自的角度出发探索城市问题。对当今世界城市发展产生深刻影响的城市理论，主要是全球化理论和城市生态学理论。

全球化对中国的城市规划和建筑产生了重大的影响。按照通常的概念，全球化是一个以西方世界的价值观为主体的"话语"体系，在建筑领域表现为建筑文化的国际化以及城市空间的趋同现象。全球化不是一元化，而是多元化和地域化的共存，全球化与地域化、多中心化是一种相互依存、相辅相成的关系[1]。

---

1 郑时龄. 全球化影响下的中国城市与建筑［J］. 建筑学报，2003，2.

在全球化语境下进行城乡统筹规划工作，应处理好"全球化"和"地域化"的关系，地域化是普遍现象，而全球化则是一个永无终结的过程。全球化发展的趋势和结果不应是文化的单极化，而是多元化，是地域文化的共存[1]。

城市生态学成为目前城市理论研究的主流并不是随机事件，生态城市、绿色城市、低碳城市和循环经济是城市发展的必然选择。无论是在美国推进大都市区治理的进程中，还是在目前中国的城镇化发展中，生态策略都已经成为社会各方面的基本共识。虽然目前在生态城市建设的具体操作层面上还存有一定的争议，但是国内外都已经形成了较为系统的生态城市思维模式和理论体系。对中国来说，城乡统筹规划应以新的生态视角和时空观不断探索研究城乡规划的理论与方法。

（2）"规划的理论"

"规划的理论"应视为城乡规划的核心理论，普遍认为当今处于协作性规划的理论发展时期，强调通过规划建立社会各界的共识。不可否认的是，规划的核心理论有空心化的趋势。有学者认为，20世纪80年代以后，城市规划理论中的主导思想已经出现了明显的偏移，不但城市规划学者丧失了对城市发展的话语权，而且更不幸的是，为了争夺这种话语权，或是试图进入决策者的语境，城市规划学科简单地"交叉"了政治学、管理学、经济学或者社会学诸领域的观点来武装自己[2]。出现这种现象是因为研究界对规划本身的认识出现了偏差：一是试图用规划解决所有的城市社会问题，规划师应无所不能；二是其他学科为获得话语权，利用规划的体系和渠道发出声音，这样就出现了规划学说越来越多，学科也在扩张，但是核心理论却停滞不前的情况。

城乡规划的核心理论，应是独立于其他学科，利用其他学科的学说和方法无法解释和应用的知识体系。从目前的学界思潮来看，"规划的理论"还应以"空间"为核心进行拓展。在城乡统筹规划中，规划的主要作用是调整城乡空间关系，规划师的主要工作是将空间政策和社会政策融合，确保城乡空间变化中物质环境和社会环境的稳定发展，所以说城乡统筹规划的基本理论是围绕"空

1 徐千里. 全球化与地域性——一个"现代性"问题［J］. 建筑师，2004，6.
2 吴志强，于泓. 城市规划学科的发展方向［J］. 城市规划学刊，2005，6.

间"和"政策"这两个核心的。

从中国目前的城镇化进程来看，城乡统筹规划将会是中国城乡规划学科发展的主流，从世界范围来看，中国近年来城镇化发展对全球的影响，已远远超过英美等发达国家，完全应该受到更多的关注。城乡统筹规划理论，是具有中国特色的规划理论，将会用以指导全球最蓬勃的城镇化进程。在这一进程中，城乡统筹规划将会重新诠释"规划能做什么""规划师应成为什么角色"这两个关键问题。城乡统筹规划理论应成为"规划的理论"的核心部分。

（3）"规划中的理论"

与"规划的理论"相比，"规划中的理论"更为庞杂，新城市主义、精明增长和生态规划是目前"规划中的理论"的主要支撑。将这些理论看作是规划措施的具体指导更为贴切。关注人的感受、关注社区、关注人与生态的关系，是形成规划方案和策略的主要思路。这些规划思想对城乡统筹规划具有现实指导意义，其中最重要的启示是以"人的尺度"和人的环境行为模式为出发点思考城乡统筹问题。

城乡统筹规划的具体出发点，应建立在对城乡居民环境行为心理的研究之上，规划师至少应知道规划参与方的主要诉求是什么。"统筹"对于城乡规划来说是重要的思维方式，但是通过统筹能否形成良好的城乡居民环境行为模式，则需要经过大量的分析、调研和访谈之后才能进行判断。

通过研究"规划中的理论"，本书的切入点并没有选择"俯视"的视角，而是以对城乡居民环境行为的研究为切入点，分析在城乡统筹发展中积极环境行为和消极环境行为的成因，探求城镇化进程中社会群体的心理转变和身份变迁；通过空间维度研究城乡形态，通过社会维度关注社会各阶层的发展状况。这样才能使规划参与者充分理解城乡统筹规划，并通过社会政策接受空间政策。

3.1.2 对于空间聚集的新认识

正如空间秩序的新古典理论家张伯伦（Chamberlain）等所认知到的那样，空间位置总是具有某种垄断优势，因为没有人能够在已经修建工厂的地方再修建工厂，而且如果这个地方还附带某些特殊优势的话，那么这些优势只能属于已经在此修建工厂的人，所以空间体系内的竞争就是一种垄断竞争。大卫·哈维（David Harvey）进一步指出，资本主义活动的地理学景观充满矛盾与紧张，资本主义永远试图在一段时间内，在一个地方建立一种地理学景观来便利其行为；而在另一段时间内，资本主义又不得不将这一地理学景观破坏，并在另外一个地方建立一种完全不同的地理学景观，因此创造性破坏的历史被写入了资本积累真实的历史地理学景观中[1]。

　　在资本选择的过程中，总是会出现空间聚集现象，或者说，大城市好像总是赢家。不同的学者作出了几乎相同的判断。格莱泽（Edward Glaeser）不遗余力地鼓吹"城市的胜利"，主要观点是城市的繁荣会放大人类的优势；当然还有出于规模收益递增理论的解释，核心—边缘结构主要是在规模收益递增的情况下产生的，克鲁格曼模型的经济政策含义很清楚，如果该模型正确地描述了现代经济的主要趋势，那么这就意味着进一步的市场一体化将导致更大的区际差异。也就是说，当经济聚集度高于人口聚集度时，除非有越不过去的障碍，否则就一定还会吸引更多的人口聚集。

　　如果按照这样的逻辑，那么县城既无经济优势，也无优质的劳动力资源，肯定难以获得集聚效应。而事实并非如此。四川省近年来的空间集聚明显体现出了"两头强中间弱"的趋势：一方面成都长期以来都是资本青睐的热点；另一方面，县城的发展令人瞩目，而中等规模的城市却在衰退。四川省在集聚的过程中并没有出现向特大城市一边倒的现象（图13、图14）。

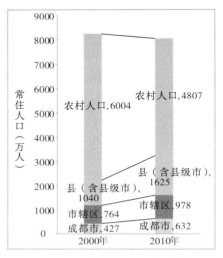

图13　四川省常住人口的变化趋势
（2000 ~ 2010 年）

资料来源：四川省历年统计年鉴

1（英）大卫·哈维. 新帝国主义 [M]. 初立忠，沈晓雷译. 北京：社会科学文献出版社，2009：83.

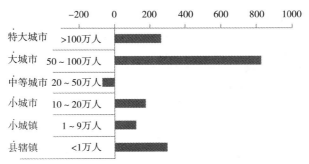

图14　四川省城区人口变动情况（2000～2010年）

资料来源：四川省域城镇体系规划（2013～2030年）

中国有识的学者主要持有"在集聚中走向平衡"的观点，认为中国的经济集聚程度正在提高，而生产要素（包括建设用地使用权和劳动力）的集聚却远远滞后，其结果就是地区间收入差距的扩大，如果生产要素能够更充分地在城乡间和地区间流动，那么城乡间和地区间在人均收入和生活质量上的平衡更容易实现。在生产要素更为充分流动的前提下，不同地区之间、不同城市之间就能够形成基于各自比较优势的分工，从而形成合理的城市体系[1]。四川省的发展说明"在集聚中走向平衡"的趋势是有可能实现的，有几个理由可以初步解释四川省的县（含县级市）蓬勃发展的现状。

（1）四川除成都外城镇结构扁平化

成都的发展基本上已经到了边界，从保护生态的格局出发，全域成都的规划已将市域60%～80%的用地划定为生态用地；四川省除成都外的城镇结构扁平化特征十分明显，尤其是在川东北、川南地区并没有出现次区域的中心城市；重庆地区也是这样。这样的城镇等级和规模结构是适合均衡发展的（图15）。

1 陆铭. 空间的力量——地理、政治与城市发展［M］. 上海：上海人民出版社，2013：181.

（2）政策性影响

统筹城乡发展战略和多点多极发展战略对县城的拉动是显著的，统筹城乡发展战略将县域作为统筹城乡发展的基本单元，既可以加强对县的扶持力度，同时也进行了省直管县的探索。在城乡发展资源的配置中，县城有机会获得土地指标等关键性资源。尤其值得注意的是，在多点多极发展战略的引导下，目前在固定资产的投资方面，县一级的行政单元是增长最快的，资金开始向县倾斜（图16）。

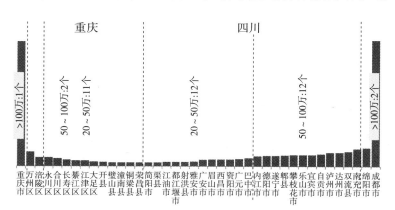

图15　四川省的城镇规模与等级结构（2012年）

资料来源：四川省域城镇体系规划（2013～2030年）

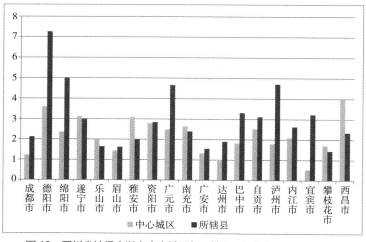

图16　四川省地级市以上中心城区与下辖县固投增长率对比（%）

图片来源：根据四川省历年统计年鉴整理

（3）落后地区城镇化速度加快

近年来四川川东北地区城镇化的进程明显加快，而且基本上选择了本地城镇化的模式，川东北地区是四川省城镇化率提高最快的地区（图17），广元、巴中等地县域发展都有抢眼的表现。

按流出人口口径，2000年至2010年四川省跨省流出人口比例从63.1%下降到45.6%；同时，省内跨地区流动明显加剧，表明省内城市的吸引力增强。四川的县域城镇化主要依赖县内城镇化，从2010年全省人口流动格局来看，县的人口吸纳能力最强，这再一次证明四川省正在从集聚中走向均衡（图18）。可见城镇化的路径选择也能对集聚产生影响。

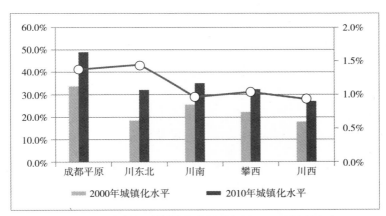

图17 四川省内次区域城镇化发展对比（2000～2010年）

资料来源：四川省域城镇体系规划（2013～2030年）

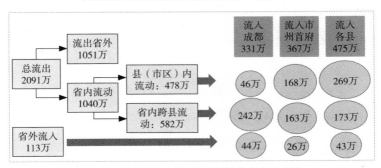

图18 四川省人口流动格局示意图（2010年）

资料来源：四川省域城镇体系规划（2013～2030年）

　　根据四川省的城镇化观察可以得知，空间聚集的模式并非只有一种，既有可能向区域中心城市聚集，也有可能偏向县域，当地级市转变发展路径之后，未来也有可能形成新的"核心—边缘"结构。而影响空间聚集的因素也有很多，城镇体系的结构、区域政策的转向和后发地区城镇化速度的加快，都有可能成为决定性的因素，一味强调区域中心城市、大城市的集聚作用，并以此推动城乡一体化发展是行不通的。由此也可以看出国家空间规划的重要性，国家空间规划的理论核心包括促进协调发展、加强资源约束、空间治理和制度创新，城乡统筹规划作为国家空间规划的一部分，应通过规划影响空间聚集，识别具有潜力的发展地区，培育"核心—边缘"结构，促进城乡一体化的发展。

3.1.3　对于公共事务治理的新观点

　　部分学者言及农村公共事务的治理，必谈私有化。但本书不涉及土地制度改革的争论，并且赞成遵循守住底线、试点先行的原则稳步推进；土地公有制的性质不能变，耕地红线不能动，农民利益不能损，在这三项原则基础之上关注地方性探索，并试图提炼对统筹城乡发展有益的经验。本研究只是从学术角度讨论与城乡统筹规划有关的制度设计问题，研究所持有的基本观点就是私有化绝非农村公共事务的解决之道，而制度设计是核心内容。

　　目前中国农村"公地悲剧"的现象有越演越烈之势，集体建设用地成为利益集团争夺的焦点。四川省的绝大多数乡村地区奉行公序良俗，但是城乡建设用地"增减挂钩"政策，却是造成"公地悲剧"的主要推手，而这项政策却是大多数地区推行城乡统筹发展的主要方法。"增减挂钩"政策设计并不得当，应立即废止，原因有以下几点。

　　（1）"增减挂钩"造成"公地悲剧"

　　"公地悲剧"这个表述已经成为一种象征，它意味着任何时候只要许多人共同使用一种稀缺资源，就会造成环境的退化。很不幸，"增减挂钩"政策人为设定稀缺资源——城市建设用地指标，使这一指标成为地方政府争夺的热点，每一届地方政府都想从这一稀缺指标中获利，同时也必须承受过度开发资源所造成的损失，实际上损失的最终承担者是农民。根据现代资源经济学的标准分析所得出的结论是，只要公共池塘资源对一部分人开放，资源单位的总提取量就会大于资源的最优提取水平[1]。"增减挂钩"政策开放了集体建设用地这个池塘，事实证明，绝大多数闲置的新农村建设项目都与"增减挂钩"政策有关。

（2）"增减挂钩"政策实施陷入"囚徒困境"

"增减挂钩"的政策安排很容易在资源的争夺中造成"囚徒困境"。由于制度设计的原因，地方政府对于是否实施"增减挂钩"的政策很难独立进行决策。本应该具有区域协商的机制，而实际情况是大家争先恐后地想方设法获取建设用地指标，结果造成农村社会和生态环境的一系列问题（图19）。

县1	县2	
	不实施	实施
不实施	两县的中心城区均未获得建设用地指标，城市扩张停滞	县2获得充足建设用地指标，县1城市扩张停滞
实施	县1获得充足建设用地指标，县2城市扩张停滞	大家都获得充足的建设用地指标，农村社会和生态矛盾尖锐

图19 "增减挂钩"政策的"囚徒困境"

（3）"增减挂钩"政策本身不可持续

前文已经提到了"增减挂钩"这一政策的不可持续性，主要是从城市的发展规律进行了论述。而中国统筹城乡发展中的转移支付方式，也不可能长期以土地为媒介。从长期来看，完善地方税体系，逐步建立地方主体税种，使地方政府承担的公共服务有稳定的资金来源；进一步完善财政转移支付体系，建立财政转移支付与城乡统筹发展的挂钩机制，是解决资金面问题的系统性方案。

对于农村公共事务方面的政策设计，应避免"公地悲剧"和"囚徒困境"现象的发生，同时也应注意地方的文化影响力。比如四川省从地理环境上可以分为平原、丘陵、盆周山区和民族地区四类，目前的政策设计和对地方政府的考核标准，是根据这四类地区的划分制定的。但是除此之外，还应考虑地域文

1（美）埃莉诺·奥斯特罗姆. 公共事务的治理之道［M］. 余逊达，陈旭东译. 上海：上海译文出版社，2000：12.

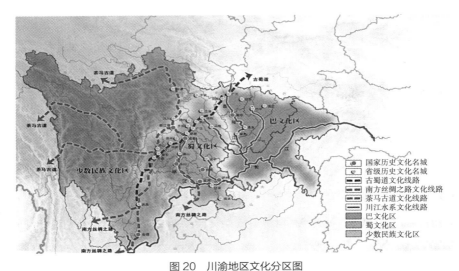

图 20 川渝地区文化分区图

图片来源：四川省域城镇体系规划（2013～2030年）

化分区的影响力，川渝地区的文化分区是比较清晰的（图20）。

四川地区的基层自主组织程度总体要优于重庆地区，相对贫困、封闭的四川省，移民文化深厚的民众对摆脱困境、改变现状充满了期盼，因此也就出现了"越穷越愿意革命"的现实图景。2008年4月，为了进行农村产权改革，开展土地确权，成都邛崃市油榨乡马岩村村民选举产生了"村议事会"，随后村里的大小事都必须由"议事会"讨论决定，然后交给村委会去具体执行。"议事会"虽然是成都此番改革中的一个"意外"收获，随后却成了改革中最关键的环节，并成为成都基层民主建设的一部分。如今，成都几乎所有村都有了或正在选举各自的村民议事会，"老百姓的事情老百姓自己商量决定"[1]。这样的议事氛围在全国也不多见，四川被认为是中国基层民主创新最活跃的地区。

不同的文化区中，长期存续的自主组织和自主治理的方式是不同的。制度设计应考虑到民间机构的生发机制、组织模式及治理机制，剖析自主组织和自主治理面临的制度困境，从而发掘社会自主治理、公民社会生长与民主政治的

---

1 尹鸿伟. 四川政改调查：中国基层民主创新最活跃地区［J］. 南风窗，2010，8.

内在关系。在此基础之上才有可能探讨实现国家、农村社会和村民间良性互动的制度安排的可能性。

3.1.4 对于新型城乡关系的把握

对新型城乡关系最恰当的表述就是"城乡一体化",包括城乡一体化的空间规划和社会治理。首先需要探讨三个概念——逆城市化、城市郊区化、城市有机疏散——与城乡一体化的关系。

逆城市化是城市化的反面,也可以认为是实现城乡一体化的路径之一。英国、美国、日本等发达国家总人口比中国少得多,并已进入后工业社会,出现了不同程度的逆城市化趋势,人口不再向城市聚集,而是在向农村疏散。日本东京大学教授大西隆(Takashi Onishi)对日本的逆城市化现象进行过长期深入的研究,认为日本长期人口减少的社会已经形成:"日本城市地区即将要走到一个从城市化转向逆城市化的转折点。城市规划的作用从为满足城市人口增长带来的不断地用地和设施要求,转向为发展更加成熟的城市社会而创造开放和宜居的空间。"这样的情形短时期内在中国的大部分地区都不会成为主流,在中国城镇化水平达到60%之前,新型城市化还是主要的发展路径。

城市郊区化主要指的是美国都市区的蔓延,日本的情况也基本类似,城乡之间并无明显的空间界限,但是需要指出的是,城市郊区化从未与城乡一体化画等号。富人社区虽然位于郊区,但却是封闭的社区,与"乡下"并无联系,欧美学者认为这是新的隔离现象。而且郊区蔓延出现很多灰色的空间,难于治理。发展中国家如果出现都市蔓延的问题,更是为城乡发展蒙上阴影。例如雅加达的都市蔓延现象,夹杂着大量贫民窟,滋生了严重的社会问题(图21)。在控制都市区蔓延方面中国实际上是世界的榜样:一方面是基于中国的规划体制有明确的中心城区的控制和引导,另一方面是中国建设用地的供给制度不支持郊区大量增加建设用地。所以在中国,城市郊区化不可能成为城乡一体化的路径。

沙里宁(Eero Saarinen)认为城市结构既要符合人类聚居的天性,便于人们过共同的社会生活，感受城市的脉搏，又不脱离自然。有机疏散理论在中国的规划实践中应用较多，也是基本符合中国国情的。但是需要注意的是，疏散必须是"有机"的，就是说对于疏解出去的人口，必须提供就业、服务等一系列的日常生活条件，而不是简单将人口从中心城区驱逐到卧城去。这里有两个案例，一正一反：成都利用轨道交通发展卫星城镇，轨道交通沿线进行TOD开发，每一个卫星城镇均具备较为良好的居住生活条件，这样的疏解是有机的也是可持续的，可以带动区域城乡一体化发展；而北京为了疏解中心城区的人口，第一个想到的办法就是驱赶"低端行业"的人群。但行业并无高低之分，用行业划分人群更是无稽之谈，即便是在高度发达的东京，社区之中仍存在小手工、小就业，而且可以世代相传。用驱逐人口的方式进行疏散既违背经济社会发展规律，也对城乡一体化发展毫无益处。如东京葛饰区的加工作坊，产业已经传承三代，主要生产汽车配件供应铃木等车厂（图22）。

图21 雅加达都市蔓延中夹杂大量贫民窟

图片来源：作者自摄

图22 东京葛饰区三代相承的小加工厂和业主

图片来源：作者自摄

因此，在城乡一体化的空间规划方面，走有机疏散与精明增长相结合的道路是符合中国基本国情的。城镇发展确实存在竞争力和吸引力的问题，但是还包括主要由自然条件决定的优胜劣汰问题——有些城镇会快速成长，有些城镇会缓慢成长，而有些城镇可能会不成长或走向萎缩。推进城乡一体化，既要考虑宏观布局，也要进行微观的空间治理，这些问题都应从有机疏散和精明增长角度加以考虑。

在城乡一体化的社会治理方面，应重点增强城乡社区的治理。社区是中国城乡关系最紧密的连接部。一方面是庞大的城市边缘化社区急于融入主流社会，另一方面是转型中的农村社区需要发展指引。这两类城乡社区具有千丝万缕的联系，而且具有巨大基数的农村社区正在向城市社区转变，因此在城乡社区的发展进程中，城乡统筹规划对于有序解决城市边缘化社区的融入和农村社区的转型等问题将发挥关键性作用。

3.1.5　对于地方立法的理论与实践探索

立法是中国城乡规划理论与实践探索的弱项。综合规划是针对国土整体或某一特定区域，以人口、居住用地、产业、交通、环境等要素为核心，以形成统一的区域空间结构为目的的规划；特定部门规划则是属于政府管理部门的特定工程项目规划。

日本现有的主要规划法，半数以上是与行政规划相对应的法律（图23）。从日本的规划法体系可以看出农村治理的内容，包括农业振兴地区的整治与建设、村落地区的整治与建设。由于法律制度非常完善和系统，虽然农村地区经过多次村町合并（主要目的是为了削减行政开支，集中发展资源），但是在城镇化的进程中并没有出现大量村庄消失的现象。而中国的情况则正好相反，迁村并点中村庄消失似乎已经司空见惯了。如果没有地方性法律作为依据，城乡统筹规划就很容易成为城市扩张迁村并点的推手。

以重庆地区为例，可以发现目前中国城乡规划的地方立法，已经迈出了可喜的步伐。《重庆市城乡规划条例》的立法基础，就是以统筹城乡发展为基本原则。《条例》一方面明确了制定和实施城乡规划的适用范围是本市行政辖区，将镇、乡、村的规划制定及管理内容纳入《条例》，改变了城乡规划立法二元分割的现象；另一方面，又明确了城乡规划应达到促进城乡统筹发展和经济社会全面、协调、可持续发展的目的，提出了制定和实施城乡规划应当遵循城乡统筹、协调发展的原则，确定了应当根据城乡经济社会发展水平和统筹城乡发展的需要划定规划区的要求[1]。

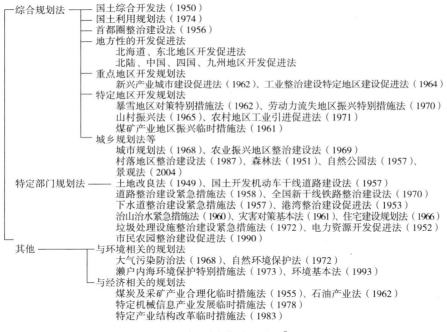

图 23　日本现有规划法的体系 [2]

《条例》有两项地方特色。一是增加了城乡总体规划这个层次。这一规划层次是根据重庆市的特殊情况新增的规划层次，立足于解决两个问题：首先是直辖市没有城镇体系规划这一层次的规划，但是必须调整城镇体系的职能和结构，

1 邱建林，苏自立，卢涛等. 统筹城乡背景下的城乡规划地方性立法探索——以《重庆市城乡规划条例》为例 [J]. 城市规划，2010，1：77-79.

2 王雷. 日本农村规划的法律制度及启示 [J]. 城市规划，2008，5：42-49.

城乡总体规划可以起到统揽全局的作用；其次就是适应指导重庆市作为全国统筹城乡发展改革试验区、城乡统筹和区域协调发展的需要。《条例》的另外一个特色是加强了村的规划，提出了"村域"规划的空间单元，强调村规划应该是综合性的发展规划，必须涵盖空间布局、村庄发展、环境保护、文化传承等多项内容，具体的编制和实施工作根据地方发展的实际情况有序推进。

《重庆市城乡规划条例》是基于城乡统筹发展这一大背景下的地方性立法探索，城乡总体规划这一新设置的规划层次，兼具城镇体系规划和城乡统筹规划的职能；而对于村规划的拓展，又对新农村建设具有较强的引导和约束作用。地方性立法的本意就是要调整地方发展过程中事、物、关系的主要矛盾，《条例》抓住了统筹城乡发展这一主线作为立法的根本，为适应统筹城乡的规划制度、土地制度改革作出了必要的法规准备。

再从《四川城乡规划条例》的探索来看，次区域规划也有可能成为城乡统筹规划的载体。《条例》第九条规定："省、市（州）人民政府根据城乡统筹和区域协调发展建设的需要，可以确定重点地区编制跨行政区域的城镇体系规划，由相关行政区域共同的上一级地方人民政府审批。"这一规定是符合四川省省情的，四川省不但从地理上划分为平原、丘陵、盆周山区和少数民族四类地区，更从社会经济发展方面划分为成都平原、川东北、川南、攀西和川西五大经济区。这些经济区的城镇群规划，对引导次区域的空间聚集、识别重点发展地区具有重要的影响力。

在《条例》的支撑下，跨行政区域的《成都平原城市群规划（2013～2030年）》首先出台，规划范围为成都市、德阳市、绵阳市、眉山市、资阳市，遂宁市以及雅安的雨城区、名山县，乐山的市辖区、峨眉山市和夹江县，共57个区（市）县，总面积64828km²，占四川省国土面积的13.37%，常住人口3419.58万人，占四川省总人口的43.20%[1]。

---

1 数据来源：第六次全国人口普查。

　　规划首先明确了新型城镇化分类推进的分区指引，划定了城镇化优化提升区（成都市中心城区）、城镇化集聚发展区、就近城镇化发展区和人口疏解与重点生态移民区（两山地区）（图24）；规划进一步指出，在重点建设县城的同时，应培育产业和本地人口集聚的县域副中心；做好镇的分类发展引导工作，择优培育本地人口聚集的镇。这些措施对出台统筹城乡发展的具体措施具有指导作用。

　　以《城乡规划法》为依据，结合地方的发展特点等因素，地方性立法具有很强的拓展空间。事实证明，只要地方立法趋于完善，城乡统筹规划就可以被有效地纳入法定规划的体系。四川、重庆地方条例中新增的次区域规划、城乡总体规划和村规划这三个层次的规划，可以在不同的层面上解决统筹城乡发展中存在的问题。

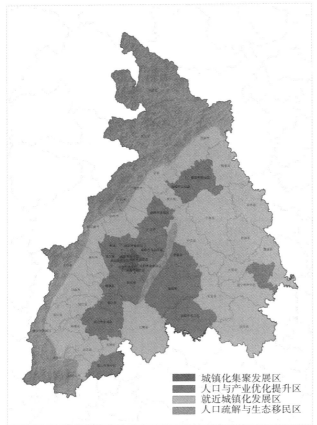

城镇化集聚发展区
人口与产业优化提升区
就近城镇化发展区
人口疏解与生态移民区

图 24　成都平原城镇化推
进模式分区

图片来源：成都平原城市群规划
（2013～2030 年）

3.2 城乡统筹规划方法论的路径

3.2.1 城乡统筹规划方法论的多元性

城乡规划与其他学科之间的关系从来不易说清楚。为了保持学科的独立性，规划师似乎反对任何归属，但是在开展规划实践的时候，却又认为自己可以统摄所有与空间相关的工作。这种观念与城乡规划方法论体系的传承有关。有些规划师习惯于身处自然科学的体系中，而有些规划师却站在社会科学的立场。在这方面，不同国家的学科发展道路大相径庭。中国自20世纪80年代以来，规划体系结构效仿英式，并增加了一些美国区划的内容，但是社会和学科关注的焦点却是欧陆式。所以说谈论中国的城乡规划方法论，仅谈学科设置或传承并无太大的实际意义，而且在城乡规划的方法论论争中，几乎所有的问题在别的学科领域都被充分讨论过。

在以往的工作实践中，规划师之所以有底气敢于统摄所有与空间相关的工作，就是因为规划师掌握了其他相关学科没有掌握的关键，即设计方法论的内容。无论有怎样的分析、判断、演算、决策，最后都得通过设计落实在图上，所以在蓝图式规划时代，规划师掌握了绝对的话语权，但是也造成了这样一个局面：规划师声称自己的学科是某种科学，却又申辩其中某些部分是不能严格用科学方法来解释的——设计过程中确实存在黑箱思维。事实上设计方法论中有大量的内容是在讨论规划的目的、意义、性质，这部分内容固然重要，但这些问题是哲学问题而不是方法论问题。规划师在发现这一理论裂痕之后，转而成为其他学科理论和方法的消费者，尤其是在学科分支迫切需要发展的阶段，学科交叉研究兴盛繁荣，导致多元方法论框架的发展。

城乡规划的方法论确实不能孤立地发展。就目前的实际工作来看，任何单一学科的主线都无法贯穿城乡规划的全过程，这是城乡规划学科完善自身理论、建立理论自信的好机会——规划师又有了把握全局的机会。如果规划师能够指出源自各学科的各种事实说明之间的联系，或建立比事实说明更为普遍的理论说明之间的联系，最终提出可以被普遍接受的跨学科的解释构造形式，那么规划师将会在城乡规划的发展中占据主动。

鉴于此，城乡统筹规划方法论论争的起点应清楚明白，城乡统筹规划的知识和解释是多元的，方法论的多元化也使得研究方法多元化，尤其是城乡统筹规划涉及的社会治理方面的内容较多，而社会工作研究本身就是具有多元化特点的。

3.2.2 合理性与合乎情理性的方法论基础

本节到此为止所讨论的几乎全是方法论的内容，这并不是有意将哲学世界观和方法论分开，单独谈方法论是为了使研究更加直接。但是谈论到概念组织的时候，不得不强调一下基本合理性的问题，这一思考源于目前城乡发展的现实情况：政府力推，媒体旁观，民众沉默。有很多基本问题还未得到解答：土地确权整理是消除了还是加重了农村的土地矛盾？农民掌握的资本到底是什么？要想回答这些问题，就得思索城乡统筹规划的基本合理性该如何体现。

基于后现代的理论视角看待城乡统筹规划的基本合理性问题，出路在于回归平衡的理性，即合理性和合乎情理性之间保持平衡的理性状态。以往，合理性的重要性一直被规划师奉为首位，重视超越具体情境的逻辑所体现的合理性是逻辑经验主义的维度；另一方面，在具体的历史情境中依赖于个人体验的修辞往往被忽视，这个维度同样也是一种论证方式，形式的论证和实质的论证都在实践中发挥了重要的作用。在目前的城乡规划中，合理性指的是规划技术的确定性和理论性；合乎情理性指的是规划在具体语境中的叙事能力，如历史回顾、法规解读、调研谈话等多方面的实践。在城乡发展的实际工作中，如果运用合乎情理性来限制合理性的强势，以多元与包容的方法论来解决实际问题，那么专业化所蕴含的危险也就能够化解。

土地确权确实是统筹城乡发展的重要一步，但重点不是土地规划整理，而是清理之前的租赁关系并建立土地流转的规则。农民掌握的资产有很多类型，但大多是并不能转化为有效资本的僵化资本。诸如此类的大量问题的解决都寄望于城乡发展，仅仅依靠合理性的思考是无法对这些问题进行充分解释的。所以在城乡规划的概念组织中，必需同时兼顾这两个理性的维度。

城乡统筹规划不需要完全契合已得到确证或证实的命题系统，因为这些命题系统总是在运动和变化，我们需要一个充分合理的概念群体来支撑合理性和合乎情理性，经济学概念的引入又一次加强了城乡规划的合理性，就像来自于工程学科的概念那样，它们都具有形式化的模型，所以看起来非常可靠。而社会科学、伦理学和环境行为学的概念，由于难以完全形式化，而且并未对公理化模型进行刻意模仿，所以规划师难免会在解决这类人文社会科学问题时有失偏颇，而实际上合乎情理性的实践哲学在引导人类社会发展方面一直发挥着重要的作用。梳理城乡发展中地方历史文化的脉络，研究农民在生活方式转变中的环境行为和环境心理，确定农村资产的经济潜能并保护交易，这些问题都需要规划师组织新的概念纳入城乡规划理论说明的体系中去。

城乡统筹规划的确实性来自于概念组织的确实性，概念组织需要兼顾合理性和合乎情理性。概念组织有偏差，城乡规划就失去了意义。实践中这样的情况经常出现，迁村并点的规划、土地整理的规划往往都被冠以城乡规划的名义，但是既无历史的观照也无现实的认同，规划很难做到合情合理。

至此，基本上可以将城乡统筹规划的方法论大体分为两种类型：一是对物质空间改造的方法论体系，强调合理性；二是建立社会规则的方法论体系，强调合乎情理性。这两套方法论体系具有共同的特点，就是都在致力于提供公共物品。

3.2.3 定律与现象定律

基于城乡规划方法论背景的讨论，可以得知其方法论的普遍性。来自多学科的定律被消化吸收之后成为城乡统筹规划的定律。这些定律在被使用前，仅是或真或假的普遍命题或陈述，但是被使用以后，却变成了构成关于世界的或真或假的命题的规则。

托达罗（Todaro）认为，影响个人迁移决策的主要因素是收入预期，人口迁移的动力是相对收益和成本的理性经济考虑。如果要回答托达罗的定律的作用是什么，那可以说他描述了人口迁移的方式，也可以说他指明了政策制定的方向，还可以说这仅仅是一个在实际中很难应用的假说。这种不确定性表明，是规划师在用定律进行实践，而定律本身只能提供一种规律性的形式。但是这并不表示定律具有不确定的地位，而是规划师在应用规律时具有相当大的灵活性，这种灵活性来源于规划师的实践选择，定律只给规划师提供推理原理，适用的范围则需要规划师自己寻找。规划师之所以要进行专业训练，就是为了可以由特定情况的已知事实推导出情况重现时可以预期的现象。

现象定律比定律要直接得多。经过规划师的实践总结，现象定律用于直接陈述现象。比如成都地区城乡统筹发展取得了巨大的成就，现象定律对此现象的陈述为：成都统筹城乡发展的成功是由于推进了农村地区的基层民主建设。这其中包含的经济的、社会的、规划的等等定律，都被现象定律所概括，当然如果规划师愿意抽丝剥茧，逐一理清在基层地区土地整理、确权、流转、置换等行为中蕴含的社会和经济定律，就会加深对成都地区推进新型城市化的理解。

在全国范围内还能总结出很多城乡统筹发展示范区现象定律的陈述：深圳城乡统筹发展搞得好是因为推动了集体土地入市，重庆九龙坡的成功是源于土地换社保等等。之所以称之为现象定律是因为其仅限于在某时某地发挥作用，如果想推而广之，就必须梳理现象定律的支持条件。城乡统筹规划的研究不能止步于总结这些现象定律，而是要对这些现象定律进行深入的解释。这时候城乡统筹规划的逻辑层次结构就发挥了作用——定律为现象定律提供支持，现象定律为定律提供背景，即上一个层级的陈述在下一个层级成立的基础上才有意义。

3.2.4 宏观判断与微观操作相衔接

规划师或者地方政府对定律的认识和应用有时会出现偏差，其中比较典型的问题出自宏观判断与微观操作相脱节。比如四川省地方政府在城镇化的进程中，认识到了就业带动的重要作用，并且发现城镇化的进展和经济水平的提高，并未带动城镇就业的增长，城乡就业结构不合理（30%∶70%），乡村就业比重高于全国水平，城市就业比重低于全国平均水平（图25）。

为了扭转这一局面，四川省地方政府不遗余力地招商引资，并且在一些地区引进了大量劳动密集型企业。北京大学童欣教授认为，成都的产业集群战略，是政府主导、企业迎合，但实际效果却不甚理想。这种现象简而言之是因为投资方向错位、央企重资源、地方政府重土地开发、民营资本过度竞争寻找避风港造成的。

投资错位最大的问题在于，政策迎合投资偏好，忽视就业偏好。这是地方在统筹城乡发展中应正视的问题。就是说，并不是什么企业，都能找到愿意来就业的当地劳动力。四川省人口资源丰富，但是成都的企业普遍招工难，是因为：对于劳动密集型的大规模生产企业来说，成本优势并不明显；靠近家乡的工人主动性更强，企业劳动控制力减弱；人才和劳动力政策重两端，轻中间层。外来企业的高管都是外地"空降"，本地招来的工人无发展空间，所以富士康、纬创等典型的劳动密集型企业在招工方面遇到了很多困难。地方政府拉动就业的宏观判断是正确的，但是提供就业的路径和本地城镇化的特点不符，也与成都平原劳动力的文化习惯相悖。这个案例说明了宏观判断和微观操作相衔接的重要性。

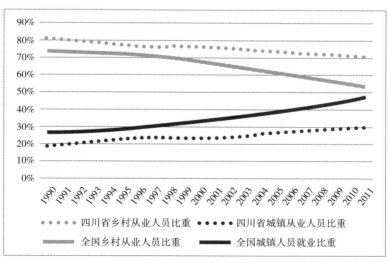

图25　四川省城乡就业结构以及与全国平均水平的对比

图片来源：四川省域城镇体系规划（2013～2030年）

3.3 城乡统筹规划方法的认识

3.3.1 解决问题的钥匙——针对性

四川省近年来城镇化的发展状况，为分析当今中国统筹城乡发展面临的局面提供了一个有力的视角。在四川省的城镇化进程中，城镇化水平持续提高，在为发展提供有利条件的同时，也客观上形成了若干结构性条件：城乡用地结构性缺乏、农户收入结构失衡、镇村空间结构混乱。总体来说，这三个问题既是四川省的问题，也是中国的问题。随着新型城镇化的深入推进，四川省部分地区通过人地对应、权能对应、供需对应这三项规划举措，有效缓解了城乡用地、农户增收和新农村建设中的结构性矛盾。

对于人地不对应这一问题，四川省在不同地区推行的解决方法并不相同。

在邛崃市羊安镇北部汤营村，近年来随着农业合作组织的发展，农地整理和农业生产组织的社会化得以同步推进，所以才有条件在农地确权后进行进一步的整理。全村总人口为3579人，共1028户，总耕地面积2701亩，户均耕地面积2.62亩，经过确权后的进一步整理，每户田块数平均为3块（全省每户田地数约为9块，土地破碎化严重），已经较为集中。在农地整理的基础上，才有可能提高农业机械总动力和农业产值。

对于城市建设用地指标投放不均衡的问题，目前全省土地使用的思路是与多点多极发展战略基本相符的。多点多极发展战略改变了土地指标等关键资源向成都平原单向流动的局面，各市州都获得了相对公平的发展机会。这一发展战略将从根本上解决建设用地指标结构性缺乏的问题，资源配置也更加均衡和合理化。

对于工业用地投放过多，挤占城乡发展空间的问题，南充市在新一轮的总体规划修编中，就考虑到了整合零散低效工业用地的问题，将工业用地比例由17.24%（2009年底）降低到了12.31%（近期建设至2015年），在控制规模的同时调整工业用地的空间结构，布局趋向紧凑集中（图26）。

从具体的城乡统筹规划方法来说，对不同地区统筹城乡发展中存在的问题需要有针对性的思考。比如人地不对应这一类问题，在有的地区表现为土地碎

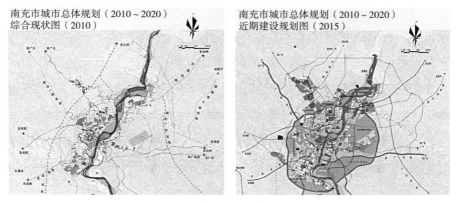

图 26   南充市通过总体规划修编整合低效工业用地

图片来源:南充市城市总体规划(2010~2020)

片化严重,推进规模化经营困难;有的地方表现为人口增长过快但是无法获得建设用地指标;还有的地方表现为工业用地投放过快,土地利用结构失衡。这些地方在发展中遭遇的实际困难所造成的结果,从表面上看都是人地不对应的现实,但是显然问题产生的机理并不相同。事实证明,建立统筹城乡发展的规划体系,并运用针对性强的规划方法,才能够有效保障农户的权益。

3.3.2   不同专业的协调——综合性

城乡统筹规划中有大量综合性的社会工作需要规划师去做,规划师应让规划参与者明白:为达到规划所追求的和经过理性计算的目的,参与者客观上应具备的条件和将要付出的代价;规划有意识地坚持某些特定行为(基于伦理、审美或宗教),规划成功与否这些信念都要达成,参与者是否能够接受;规划中有情感在,直接体现了部分参与者的喜好、热爱或享受,其余的参与者能否接受;规划秉承了固有的传统的行为,参与者是否愿意有意识地加以维系。

这四方面的社会解释活动是维系城乡规划运作的关键。很遗憾目前的公众参与水平只能支持规划师进行目的理性层面的解释,城乡规划公众参与的框架结构应该能够支撑价值、情感和传统这三方面的讨论,这三方面的解释和讨论将进一步增强城乡规划的实效性。

马克斯·韦伯（Max Weber）欲将个人的"行动"连接到一般所谓的社会"秩序"上，认为社会学的任务是要将概念（国家、社团等）还原到"可理解"的行动，亦即还原到参与者个人的行动[1]。本研究试图使城乡统筹规划方法更加形式化，并具有清晰的逻辑形式，而社会工作作为规划师的一种活动时，应力求使城乡规划还原为"可理解"的规划参与者个人的行动。这部分工作也有方式可循——社会行动的四种类型——目的理性式（means-ends rational）、价值理性式（value rational）、情感式（affectual）和传统式（traditional）。社会行动很少会只指向其中的某一种类型，但是会或多或少地接近这些类型。

新农村的空间规划落实之后，社会效果究竟如何，需要系统全面的社会学调查和分析。成都市社情民意调查中心发布了《2013年成都市城乡居民城镇化基本情况抽样调查报告》，围绕新型城镇化，对成都市城乡统筹规划建设情况进行摸底，找出问题、分析原因，为调整成都市城镇规划，探索新型城镇化模式和路径提供依据。其中的一项内容需要特别引起规划师的注意：新农村社区建成后，农户的就业指标下降了，这说明新农村建设在某种程度上切断了农民与土地的联系，而新农村聚居点社区建设滞后，活力不足，难以提供新的就业岗位（图27）。新农村聚居点居民就业不足是值得警惕的现象。

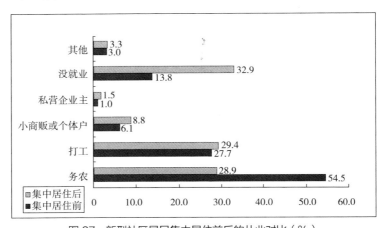

图 27　新型社区居民集中居住前后的从业对比（%）

图片来源：2013年成都市城乡居民城镇化基本情况抽样调查报告

1（德）马克斯·韦伯，社会学的基本概念［M］. 顾忠华译. 广西师范大学出版社，2005.

在空间规划中，不同专业的协调主要指的是城乡规划编制和实施中工程学科的协同，而当城乡统筹规划涉及社会治理之后，各专业的协同也突破了工程科学的范畴，社会学的研究方法已经成了城乡统筹规划方法体系中不可或缺的内容。

3.3.3　稳定运行的程序——规范性

行之有效的城乡统筹规划方法应加以规范化和制度化。成都市村镇规划编制体系的发展，更加说明了制度、技术和资金的制度化保障是城乡统筹规划方法规范化的前提条件。成都市域的村镇点多面广，是城乡统筹工作的重点，但长期以来其发展却面临困境。村镇普遍基础较弱、资源缺乏，不是市场资本追逐对象，没有形成自我造血的能力；村镇在资源和政策的配置上也处于劣势。成都市建立了稳定和规范的"三大机制"，为村镇城乡统筹规划提供了制度性的支撑。其中最重要的规划机制创新，是提供规范化的多方位金融服务（图28）。

开发性金融的长期介入，使得这套保障体系具有可持续性。开发性金融以政府组织优势和国开行融资优势相结合为基础，通过银政合作，发挥开发性金

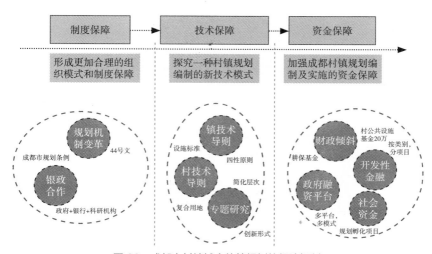

图 28　成都市村镇城乡统筹规划的保障机制

资料来源：国家开发银行《成都市城乡统筹村镇规划推进模式总结报告》

融与村镇规划的合力，通过规划推动项目建设和平台建设，更好地促进成都市统筹城乡目标的实现。城乡统筹下的村镇规划推进模式与一般村镇规划推进模式具有显著差别（表4）。

成都市村镇城乡统筹规划的特点　　　　　表4

	一般模式	村镇城乡统筹规划模式
组织编制模式	政府委托	·政府委托，项目实施方、开发性金融积极介入 ·协商式规划（政府、投资方、村镇居民等）
编制内容	按《城乡规划法》《镇规划标准》进行编制	·依据村镇规划导则进行编制，并体现"四性"，具有具体项目乡镇完成方案设计 ·重点地段完成城市设计，结合乡镇进行项目策划 ·公共设施"定点位、定规模、定标准、定投资"
实施机制	政府推动部分公共设施和新居工程建设	·政府推动进行风貌整治、公共设施建设 ·政府融资平台整体打造 ·构筑"开发性金融+融资平台"，批量孵化项目，整体推进公共服务设施及基础设施建设，多样化资金工具介入产业化项目

　　成都市村镇城乡统筹规划实现规范化、日常化之后有效改善了规划质量，持续拓展深化了城乡统筹规划的内涵，凸显了规划的统领地位，实现了村镇地区城镇化的有序推进。

3.3.4　决策模式的转向——公共性

　　城乡统筹规划具有公共政策的属性，借用成熟的政治模型可以为思考公共政策和规划决策提供帮助。根据托马斯·R·戴伊（Thomas R. Dye）对公共政策的理解[1]，目前有多种政治模型与公共政策相对应：过程模型——政策是政治活动；理性模型——政策是社会效益的最大化；渐进模型——政策是对过去政策的补充和修正；精英理论——政策是精英的价值偏好等。政治模型决定了决策模式，以上这几种政治模型所对应的决策模式有一些在中国的规划领域已经较为成熟，比如理性决策模式就依据于理性模型。综合理性阶段也是西方城市规划发展初期一种典型的规划决策模式，希望通过技术分析寻求决策完美。

1（美）托马斯·R·戴伊. 理解公共政策［M］. 北京：中国人民大学出版社，2009：11-29.

当理性决策模式遭受质疑之后，渐进决策模式成为城市规划决策的一种选择。中国的政治体制改革就选用了渐进式改革的模式，这种思想自然也影响到了城市规划决策领域。本书认为渐进模式固然较为和缓，但是并不能适应中国目前的城乡发展，原因有三：首先，中国城乡发展中存在的矛盾问题总是存在的，渐进式解决问题并不能缓解社会矛盾，实际上，社会改革已进入深水区，容易解决的矛盾已经解决，目前遗留的问题都是一些相对棘手的矛盾问题；其次，渐进式决策模式不能适应中国城乡发展和更新的速度；再次，渐进式模式不适应中国大都市区治理的运作模式。大都市区治理的运作模式是解决中国发达地区城乡一体化问题的必然选择[1]。

本书无意于深入探讨政治模式与规划决策之间的联系，但是必须寻求一种体制内较优的决策方式。根据政治模型中的团体理论，政策是团体利益的平衡，团体决策以此为理论依据，团体决策是西方决策理论的主要模式之一。在中国城市规划实践中，团体决策模式已经出现，它与倡导式规划是密不可分的，本书认为以公众参与为特征的倡导式规划实施结合团体决策模式是目前在体制内解决规划决策问题的最优途径。这种决策模式在规划理论上并不具有创新性，但是在中国城乡统筹规划实践中具有创新意义。

决策模式的转换必然带来决策主体构成的转换，从精英决策模式到团体决策模式的转变是必然趋势。团体究竟在中国的规划实践中以什么样的形式出现，是一个值得深入思考的问题。从国外地方政府的施政经验来看，随着对市场机制和个人主义的不断强调，出现了一次关于市民社会和社区的大讨论。在澳大利亚，对地方政府和社区之间关系的广泛关注也凸显出来[2]。社区可能是中国未来城乡统筹规划团体决策的一种组织模式，社区理念有利于城乡统筹规划的公众参与。

从地方政府竞争的角度也能看出社区模式的优势，在城乡一体化的背景下，

1 洪世键. 大都市区治理——理论演进与运作模式 [M]. 南京：东南大学出版社，2009：230-232.
2 （澳）多莱里，马歇尔，沃辛顿. 重塑澳大利亚地方政府——财政、治理与改革 [M]. 刘杰，余琪景，张国玉译. 北京：北京大学出版社，2008：107-115.

最受关注的经济发展模式是"浙江模式"和"苏南模式",其中"浙江模式"就具有其强烈的自组织经济特征[1]。这种经济发展动力来源于民间力量和浙江的传统文化,符合社区理论的描述。这种社区在城市空间上体现为"工业园+专业市场",社区具有明显的自组织作用,政府起着促进性和辅助性的作用。在城乡统筹规划中,这种社区的参与作用不应被忽视。

从国外的参与式城市治理实践中还可以看出,应强调利害相关者参与,更应通过固化地域导向的邻里或社区参与,实现城市规划与决策过程的公众参与。所谓固化地域导向的邻里或社区参与,指的是基于区域的路径,满足不同地域居民的基础设施和服务需求,并适应日益复杂化的问题和需求。原有基于项目的路径被证明太过条块化,无法回应问题的连带性特征[2]。这也说明了目前中国实行的"项目告知式"公众参与形式是不能满足城市社会发展需求的,应以社区为单位,共同讨论整合性的发展战略,这种公众参与思路符合倡导式规划的实质。

3.4 城乡统筹规划方法的体系

3.4.1 逻辑层

（1）紧密围绕统筹城乡发展的三大主线

发展、民生、秩序,是中国统筹城乡发展的主线,也是中国改革的内在逻辑。发展转型是民生改善的基础,民生改善推动社区发展,而社区发展优化社会环境又为发展转型创造条件,这三大主线是紧密联系和环环相扣的。城乡统筹规划首先要紧密围绕这三大主线提出主张,而不能回到传统城镇化的老路上去。这三大主线实际上都围绕人的城镇化,提出发展转型、提振民生、完善社区三项任务。理有固然,而势无必至。现实中,规划师面临的最大挑战之一,就是要根据社会经济形势的变化做出即时的决策,但无论如何只要抓住了发展

---

1 冯兴元. 地方政府竞争——理论范式、分析框架与实证研究［M］. 南京:译林出版社,2010:102.

2 刘淑妍. 公众参与导向的城市治理——利益相关者分析视角［M］. 上海:同济大学出版社,2010:56-58.

的主线，就可以初步建立规划的逻辑。

（2）规划内涵和外延的关系明确

城乡统筹规划不能无限外延为无所不包的规划，应有所不为。首先，以新农村建设为名义，实质上是通过"增减挂钩"政策获取城镇建设用地的行为，不是城乡统筹规划；其次，以小城镇发展为名义，盲目扩大建设用地规模，尤其是盲目扩大工业园区招商引资的行为，不是城乡统筹规划；再次，以低丘缓坡治理为名义获取建设用地指标，破坏生态环境的行为也不是城乡统筹规划。城乡统筹规划具备发展、民生和秩序的内涵，不符合内涵的外延均不视为城乡统筹规划。

（3）规划可以从抽象上升到具体

马克思指出："如果我抛开人口的阶级，人口就是一个抽象；如果我不知道这些阶级所依据的因素，如雇佣劳动、资本等等，阶级就是一句空话；比如资本，如果没有雇佣劳动、价值、货币、价格等等，它什么也不是……"所以对于城乡统筹规划，只有抽象的战略而无具体的所指，那么它就什么也不是。马克思坚持的从抽象上升到具体的逻辑，是城乡统筹规划的基本逻辑之一，规划不应是一个关于整体的混沌的描述，而是一个具有多种规定和关系的丰富的总体。城乡统筹规划的逻辑自洽体系，要求规划的主线清晰，内涵和外延明确，可以从稀薄的抽象理论落实到踏实的具体的规划措施。

3.4.2 支撑层

（1）获得法律地位

任何一个逻辑体系与真实世界都要有密切联系的界面，对于城乡统筹规划来说，与真实世界的第一项联系即与法律相关。

城乡统筹规划与地方性立法相结合，是实现区域城乡一体化发展的路径。研究关注的地方性立法主要指的是城乡统筹中土地要素法制问题方面，由于中国地方发展和自然禀赋的差异性，关于土地要素保障的问题——农房、承包地、宅基地、新农村综合体等——不宜一刀切，应允许存在区域差异。城乡统筹规划结合地方立法，可以为经济行为的空间聚集解除障碍。比如，提出适宜进行土地经营性流转的范围和规模，提出适宜于区域发展的农村聚居模式和规模等，这些内容都是城乡统筹规划相关法制问题研究的重要方面。

另外需要指出的是，城乡统筹规划是实现"三规合一"的路径。在中国现阶段，发展规划、城乡规划和国土规划的总体目标都是实现社会经济可持续发展，尽快达到城乡一体化发展阶段。"三规合一"原本各有侧重，难以融合是因为缺乏统领。统筹城乡发展问题是目前中国最需要解决的问题，以城乡统筹规划作为规划平台，最有可能在这个发展阶段实现"三规合一"。实际上强调"三规合一"不是为了达到一个形式化的"合一"目标，而是为了更高效的解决城乡社会经济发展中的问题。

（2）政策对接明确

中国城乡统筹规划与现实社会的联系还存在于政策界面。作为文化的移植现象，包括现代意义上的城乡规划在内的整套制度设施都是文化移植的产物，在长期文化磨合的情态之下，规划问题从一开始就不是单纯的技术问题，而是与中国的政治社会、历史文化等政策问题反复纠结。在这样的情态下，希望规划在短期内形成某种极为稳定的状态并不现实，任何类型的规划都是在不断磨合中发展前行的。当然规划发展也并不是依傍不定的，近年来城乡统筹规划与地方发展政策的明确对接就是很好的开端，比如前文介绍的城乡统筹规划承接还权赋能的政策，即说明了城乡统筹规划与真实世界的密切关联。

一个大的区域性政策之下涵盖着多方面的政策支撑。比如东北振兴政策覆盖了东北三省和内蒙古东部地区，主要包括7种政策类型：区域产业政策、区域财税金融政策、资源型城市转型政策、区域社会保障政策、区域开放政策、区域空间布局政策、区域其他政策等。城乡统筹规划与以上各类政策的对接，需要系统性的安排，这也是从直觉规划走向系统性规划的路径。

（3）规划事权清晰

为了保证事权清晰，城乡统筹规划与现行规划框架的对应关系应更为明确，本书倾向于将城乡统筹规划的思想方法纳入现行城乡规划的框架体系中而不是再单独建立城乡统筹规划的运行体系。这样的考虑是出于结构主义的观点，即基于"关系"重新认识事物的本质，城乡统筹规划整体的效能，很大程度上是取决于与规划之间的关系，而非仅仅依靠某一项规划。也就是说，现行的规划体系虽然存在一些问题和局限，如计划经济的色彩强烈、规划中的多项表述缺乏新意等。但是近年来城乡规划增强了空间资源分配的导向性。一方面是因为与各项专项规划的结合更紧密了；另一方面是因为加强了政策区划的内容，从而具备了把握区域生产力空间布局的能力。在这样的框架下，提出城乡统筹规划的思路和措施，具有很强的可实施性。

其次，在"权责利统一，事权与财权对等"的导向下，目前部分省区进一步简政放权，顺应城镇化发展趋势，扩大了县级政府和小城镇经济社会管理权限。推动部分县级单元先行试点省管县体制，推动扩权强镇改革，赋予部分发展活力突出的镇更多的发展权利和发展机会，适度降低设市标准，渐进推动"镇改市"试点。这些措施有利于都市区发展、增强示范作用和加强发展扶持。经济社会管理事权重心的下沉，有利于逐步推动农村金融体制改革和土地股权化改革，提升小城镇的财、地供给能力，同时也有利于理清城乡统筹规划的事权关系。

3.4.3 运作层

具体的城乡统筹规划运作方法是由空间规划的方法和社会治理的方法交织形成的。一方面出于调整新型城镇化发展的空间结构的需要，另一方面出于建立社会发展中的规则以保证具体的自由。基于这两个维度的具体运作方法，都是从各自最擅长的领域开始生长，相向发展，最终建立空间规划覆盖城乡、生态网络覆盖全域、公共服务覆盖全民的城乡统筹规划体系。

（1）调整新型城镇化发展的空间结构

调整统筹城乡发展空间规划的出发点是识别出具有发展潜力的地区，由此不仅可以判断出现实中的"核心—边缘"结构，也可以判断出区域空间集聚的趋势，在此基础之上实施的镇村空间规划的引导才是科学有效的。在加强镇村空间规划引导的基础上，才有机会推进农村地区"土地—户籍"联动改革，而不至又陷入建设用地"增减挂钩"的政策困境。大城市郊区的土地政策始终在不断变化，规划应把握政策的变化，适时推进郊区治理，并在有条件的地区推进城乡绿道网络建设。依托这些城乡绿道网络，可以仿效日本的农协，建设一些产直市场，以增强城乡要素的流动。城市流动人口公共租赁住房的建设和新农村的建设是一体两面，这两类项目在用地上会有交叉，同时也反映出"两兼滞留"家庭的发展需求。现阶段农户增收的方法主要还是农户兼业的模式，农户兼业既要有规划的支撑，也要有社会保障的跟进。从空间规划的维度出发，可以建立城乡统筹空间规划的体系，这一体系也包括城乡生态网络的内容，如划定大城市的增长边界、推进宜居城乡的建设等。

（2）建立抽象的规则，保证具体的自由

从社会治理的角度出发，总体目标是提高城乡社会的文明程度，主要的路线一是推进基本公共服务的均等化，二是处理好全球化趋势和生态文明、乡土文化的关系。具体治理的落脚点还是城乡社区的治理，主要的方法是建立发展中的各类规则以保证具体的自由。

从台湾的社区发展来看，社区规划师制度为建立社区发展的规则发挥了重要的作用。深圳市龙岗区自2001年开始借鉴了这一制度，自2010年起在全市社区推行"社区规划师"制度。根据该项制度，社区规划师负责记录社区的建设与规划实施情况，负责协调规划的公共参与，推进社区规划的实施。社区规划师还承担规划的普及和宣传工作，通过基层走访、授课等方式推进社区规划工作的落实。这项规则既保证了社区居民充分的公众参与、行使公民权利，也保证了社区居民在规划框架内的自由发展权利。

与此相对应的是新农村社区居民，通过"村民议事会"的规则行使村民权利。从中国农村地区总体来说，要保证农民的利益，首先就是要建立代表农民利益的组织。从目前的发展实践来看，建立村民议事会、完善新农村社区的组织，是充分行使村民权利的具体保障，同时也是保证农民经济自由的方式。农村基层民主治理和经济自由发展总是相辅相成、共同促进的。

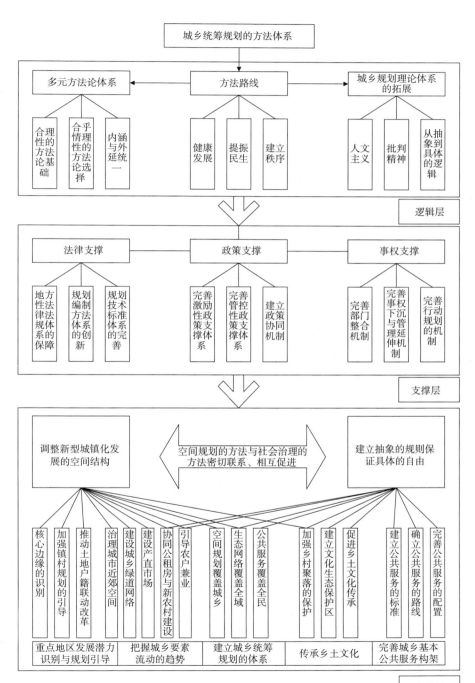

图 29 城乡统筹规划方法体系的框架

3.5 本章小结

作为城市规划理论的拓展,城乡统筹规划对空间聚集、公共事务治理、新型城乡关系和地方立法探索有了新的认识,总体上来说就是要改变传统城市化模式下单向度的城市规划模式。城乡统筹规划重视农村发展、重视可持续发展、重视人的发展。人文主义和批判精神是城乡统筹规划的向度,也是城乡统筹规划脱离单向度规划的关键所在。人文主义所倡导的以人为本理念,体现在城乡统筹规划中,就是要把握人口的空间流动和社会流动的主线;而城乡统筹规划的批判精神,就是要针对传统城市化中存在的矛盾问题提出具有针对性的解决方案。

城乡统筹规划必须走多元方法论的路线,这些多元的方法论大体可分为两套体系:一是对物质空间改造的方法论体系,强调合理性;二是建立社会规则的方法论体系,强调合乎情理性。合理性指的是规划技术的确定性和理论性;合乎情理性指的是规划在具体语境中的叙事、解释和说服能力。在这样的方法论架构下形成的具体规划方法,必须具备针对性、综合性、规范性和公共性的特点。

城乡统筹规划方法的体系分为逻辑层、支撑层和运作层这三个层次。逻辑层包含城乡统筹规划方法的总体思路、理论拓展和方法论构造;支撑层包含法律、政策和事权方面的三项支撑;运作层包含具体的城乡统筹规划运作的方法,是空间规划的方法和社会治理的方法集合,通过这些方法集合的运作,可以建立城乡统筹规划的空间架构和社会规则。

4. 城乡统筹规划方法的完善思路——从直觉规划到系统规划

4.1 调整规划构架完善规划编制

4.1.1 从规划城乡空间到调整城乡关系

无可置疑，城乡空间关系的调整是理顺城乡关系的重要途径，而城乡空间关系的调整面临的主要问题是人口的空间流动。新型城镇化的发展导向发生了重大变化，人口的社会流动、城乡生态体系建设、乡土文化传承等内容成为规划的重心，只调整城乡空间关系既不能解决传统城市化遗留的结构性问题，也不能在新型城镇化的构架内寻求创新，所以必须从新的维度重新考虑调整城乡关系的途径，重新建立城乡统筹规划的步骤。从路径到措施、从宏观到微观、从考虑省域的人口集聚到以家庭为单位的公共服务，城乡统筹规划是逐渐深入的。通过规划手段调整城乡关系大致可以划分为以下五个环节：城镇化的路径选择——城乡生态网络规划——优化城乡空间资源分配——基本公共服务规划——提供社会治理架构。

（1）明确新型城镇化的发展路径

布赖恩·贝利（Bailey）不承认这样一个论调："城市化有一个通用的过程，是一种现代化的产物，城市化在不同的国家可能具有相同的事件发生顺序……"[1]，基于这样的判断才会有比较城市化的研究。中国各省区的城镇化发展路径迥异。从山东来看，寻求的是省内差异化发展路径，基于都市化特征和城乡统筹发展特征，谋求核心都市区转型提质，并且在积极培育新的增长极。四川省新型城镇化同样要走省内差异化发展路径，但是都市区的发展特征和城乡统筹的发展特征与山东完全不同，所以四川省选择了走"多点多极"发展的道

---

1 （美）布赖恩·贝利，比较城市化 [M]．顾朝林，等译．北京：商务印书馆，2010：5.

路。所以说新型城镇化的理论在不同地区会有不同的演绎，城乡统筹规划首先应把握住城镇化发展的脉络。

（2）完善城乡一体的生态网络

城乡一体的生态网络是实现可持续发展的根本保障。从四川省的实践来看，从省域层面出发，建立城乡一体的生态网络关键在于划定基本生态控制区，构筑国家生态安全屏障。在发展条件较好的潜力地区，引导人口和产业聚集。在保护原有生态功能的基础上，结合城市建设打造自身的生态体系，建设宜居城乡，构建与城镇结构相适宜的都市生态体系。

（3）优化城乡空间资源的分配，促进城乡要素流动

在明确生态红线的基础上，以市场化的原则优化城乡空间资源的分配，促进城乡要素流动，实现中国市场经济在空间上的统一。行政化地配置城乡资源，公平和效率皆失，规划要纠正地方政府的偏好和干预。单从土地资源的行政化配置来说，运用行政力量来均匀地分配建设用地指标的结果是，地区间土地利用效率的差距反而在扩大[1]。借助于市场交易可以改进资源使用效率，这一思想可以用于工业用地资源的再开发等方面。在盘活城乡土地资源的基础上，应通过规划创造各种有利条件，改善城乡基础设施，促进城乡要素流动。

（4）进一步完善城乡基本公共服务构架

地方政府应以促进就业为起点逐步提高城乡基本公共服务水平。从统筹城乡发展的角度来看，GDP的提高并不一定能促进城乡一体化发展，而就业弹性的提高意味着经济增长能带来更多的就业岗位，所以地方政府的关注点应该是提高就业弹性，而地方政府招商引资的模式往往会造成资本深化，带来就业弹性下降，适得其反。从四川省的实践来看，地方政府引入沿海劳动密集型产业，并未获得预期的成效，反而本地中小企业对地方市场的认识更加深入，本地中小企业在培训、招工和职业发展方面具有独特的优势，所以从统筹城乡发展、增加城镇就业弹性方面看来，政府应该扶持的是植根地方的中小企业，并以此

---

1 陆铭. 空间的力量——地理、政治与城市发展［M］. 上海：上海人民出版社，2013：103.

为基点推动基本公共服务水平的提高。

（5）建立城乡社会治理的体制机制

以提高城乡社会文明程度为目标，城乡统筹规划应提供城乡社区的治理架构，同时也应以社区为规划单元，落实社会治理的具体措施，如城市社区规划的落实、社区就业和服务、农村社区基层民主治理、农村社区乡土文化保护等具体内容。

4.1.2 不同层级规划中城乡关系的调整重点

《城乡规划法》划分五类规划的依据是从空间范围的角度，依照宏观、中观，再到微观的范畴，分层次界定各类规划。但是由于各类规划的编制办法目前还未全面更新和协调，所以各类规划的衔接并不理想，对城乡统筹规划的要求也比较含混，缺乏对城乡统筹规划分项、分步骤的指导。所以应在国家部门规章规定的各类城乡规划对城乡统筹规划总体要求的基础之上，进一步明确在各类规划中城乡关系的调整重点。现行国家部门规章对各类城乡规划的定位及有关城乡统筹的内容均有相关规定（表5）。

现行城乡规划对于城乡统筹的内容的规定[1]　　　表5

	定位	目标	空间	支撑体系	镇村	政策
省域城镇体系规划	省、自治区人民政府实施城乡规划管理，合理配置省域空间资源，优化城乡空间布局，统筹基础设施和公共设施建设的基本依据，是落实全国城镇体系规划，引导本省、自治区城镇化和城镇发展，指导下层次规划编制的公共政策	城乡统筹发展目标；城乡结构变化趋势及规划策略	省域适建、限建和禁建三区划定原则和划定依据、管制要求；城乡空间布局；城乡居民点体系	统筹城乡的区域重大基础设施和公共设施布局原则和规划要求	优化农村居民点布局的要求；中心镇基础设施和基本公共设施的配置要求；农村居民点建设和环境综合整治的总体要求	差异化城镇化政策；城乡统筹和城镇协调发展政策

---

1 李晓江，张菁，彭小雷等. 城乡统筹视野下城乡规划的改革研究［R］. 中国城市规划设计研究院. 2012：106.

续表

	定位	目标	空间	支撑体系	镇村	政策
城市总体规划	政府调控城市空间资源、指导城乡发展与建设、维护社会公平、保障公共安全和公众利益的重要公共政策之一	市域城乡统筹发展战略	中心城区空间增长边界；中心城区内安排建设用地、农业用地、生态用地和其他用地	无	市域各城镇人口规模、职能分工、空间布局和建设标准；中心城区内村镇发展与控制的原则和措施，确定需要发展、限制发展和不再保留的村庄，提出村镇建设控制标准	无
县域镇村体系规划	政府调控县域村镇空间资源、指导村镇发展和建设，促进城乡经济、社会和环境协调发展的重要手段	县域城乡统筹发展战略	城乡居民点集中发展、协调发展的总体方案；县域村镇体系布局，包括县城—中心镇——般镇—中心村，明确重点发展的中心镇；县域空间分区管制原则和措施；与土地利用规划衔接，明确建设用地总量与主要建设用地类别的规模，编制县域现状和规划用地汇总表	统筹布置县域基础设施和社会公共服务设施，分级配置各类设施的原则，确定各级居民点配置设施的类型和标准，实现基础设施向农村延伸和社会服务事业向农村覆盖，防止重复建设	各乡镇人口规模、职能分工、建设标准；县级人民政府所在地镇区及中心镇区的发展定位和规模；村庄布局的基本原则，明确重点建设的中心村，中心村建设标准；确定农村基础设施和社会公共服务设施配置标准；制定村庄整治与建设的分类管理策略	无
村镇总体规划	对乡（镇）域范围内村镇体系及重要建设项目的整体部署	无	居民点与生产基地布局调整，明确各自在村镇体系中的地位；乡（镇）域及规划范围内主要居民点的人口发展	无	无	无

目前的规划架构和内容要求是无法满足统筹城乡发展的需求的。主要的原因有三点。

（1）缺乏区域视野

全域规划并未全面施行，目前仍处于探索阶段；而跨行政区的区域规划并未完全纳入法定规划体系。城乡统筹规划的架构是区域性的，应从根本上建立全域城乡规划体系。

（2）缺乏社会治理的整体架构

规划要求偏向空间规划而忽视社会治理，对城乡统筹发展的阶段性缺乏整体把握，对规划的步骤安排不具体，缺乏对城乡社区的关注；同时对乡土文化的传承、乡村聚落的保护缺乏具体的规划指引。

（3）城乡统筹的重点不明确

省域层面的规划要求过于细致，本应以战略和政策为主要内容，对农村居民点布局、中心镇基础设施建设等内容应一笔带过，而村镇规划又有放任自流之嫌。各类规划对城镇化的路径选择、城乡生态网络规划、优化城乡空间资源分配、基本公共服务规划、提供社会治理架构这五个关键环节的控制力不强。

从统筹城乡发展的角度出发，城乡规划的架构应该进行调整。主要的思路有三点。

首先，要从城镇化的顶层设计出发解决统筹城乡发展问题，在省域城镇体系规划中，应加深对新型城镇化战略的认识，进一步做好新型城镇化路径的决策。要肯定目前跨省区市的规划和省区市内部跨地市区（县）的规划所取得的成绩，目前地方层面已经将次区域规划法定化，国家法定规划体系中应尽快明确区域规划的法定地位和作用。

其次，应全面推行城乡总体规划作为全域规划的主要形式，对于县域规划，也应面对统筹城乡发展中存在的问题，适时推进全域规划全覆盖。全域规划并不是全域图纸拼接，而是提供区域发展的整体解决方案。

再次，对于镇村的规划，应进一步细化要求；对于镇（乡）层次的规划，应明确全域覆盖的要求；对于具体的建设规划，应在明确实施主体的基础上出台规划指导意见。同时，各类规划应抓住城乡统筹的关键环节，明确规划重点（表6）。

城乡规划架构的调整和城乡统筹规划的重点　　　　表6

	城乡统筹规划的定位	城乡统筹规划的重点				
		新型城镇化的路径选择	城乡生态网络建设	城乡空间资源分配	基本公共服务	城乡社会综合治理
省域城镇体系规划	确立城乡统筹发展目标，把握城乡结构变化的趋势，确定省域城乡统筹规划策略	在分析本省城镇化特点和趋势的基础上，确定新型城镇化的发展路径，完成城镇化的顶层设计	划定省域适建、限建和禁建三区划定原则和划定依据，管制要求	把握空间集聚和扩散的趋势，识别重点发展潜力地区，培育增长极；优化城镇体系构建，确定重点发展的小城镇	统筹城乡的区域重大基础设施和公共设施布局原则和规划要求；确定城乡基本公共服务配置水平	分析省内人口流动的趋势，匡算市民化的整体成本，确定市民化的阶段性目标；估算新农村社区的发展目标和总体规模
跨行政区的区域规划　省际	打破行政区划对于城乡统筹发展的限制因素，加强区域城乡要素流动，消除区域差异，促进区域均衡发展	分析各省区城镇化特点和趋势，整合部门规划和开发规划，确定区域城镇化发展的总体思路	在省内三区划定的基础上，建立省际生态补偿机制，完善省际联动治理机制	以区域协调发展为导向，根据区域城镇群发展的阶段和特点，确定平衡区域发展落差、缩小城乡差距的发展战略	逐步实现两地政府基本公共服务和制度政策的对接；促进区内企业和劳动力的流动，完成各类生产要素的合理配置	共同构建区域形象，联合打造区域强势品牌，形成区域共建共赢深入合作的社会氛围；消除区域间户籍、教育、培训、就业、医疗、社会保障等方面的政策落差，执行统一的服务标准和服务流程，实现社会治理水平均质化
省内		做好次区域城镇化推进模式分区的工作，根据人口、产业、空间和生态等方面的因素，确定分区城镇化方案	划定次区域的生态功能区划，构建次区域生态格局，划定生态红线，控制城市群空间增长	确保新型工业化和新型城镇化在空间配置上协调统一；形成合理的城镇空间结构与体系结构；利用支撑体系促进"次区域城乡一体化"	推进城乡基本公共服务制度的衔接，落实主体功能区基本公共服务政策，建立健全次区域基本公共服务均等化的协调机制	

续表

	城乡统筹规划的定位	城乡统筹规划的重点				
		新型城镇化的路径选择	城乡生态网络建设	城乡空间资源分配	基本公共服务	城乡社会综合治理
城乡总体规划（直辖市、市、县、县级市全域覆盖）	全域规划，全域统筹，实现总体规划城乡一体；提供全域新型城镇化和统筹城乡发展整体方案	明确区域中心城在城镇化中的职能定位，提出中心城、中心镇的城镇化发展路径	通过绿环、绿楔、绿廊等手段串联市域内的各级城镇，形成生态网络，保护生态格局，控制城市蔓延，提升环境品质。划定永久生态空间予以严格保护	优化全域城镇体系的布局，合理确定与资源环境承载力相适应的人口容量和城镇规模，优化城乡空间形态，划定城市增长边界，实现精明增长	全域统筹规划医疗卫生、教育、文化、体育等公共服务资源，构建多层级全域覆盖、城乡一体的均等化基本公共服务体系	公共服务圈按照集中集成的原则形成社区服务综合体及社区中心，以城乡社区为社会治理的单元，推进社会文明建设
村镇总体规划	逐渐推进镇村总体规划的全域覆盖，加强对具体建设规划的引导，实现规划向纵深覆盖	培育产业和本地人口集聚的县域副中心，做好镇的分类发展引导工作，因地制宜地推进新农村建设	加强镇村生态治理的投入，在镇村布局中划定空间管制分区	居民点与生产基地布局调整，明确各自在村镇体系中的地位；乡（镇）域及规划范围内主要居民点的人口发展	提高镇的公共服务能力，在有条件的地区建设新农村综合体，提高新农村基本公共服务水平	加强农村社区的治理，加大农村社区的治理投入，以基层民主推进新农村建设，加强农业合作社的帮扶，积极引导农户兼业

　　从统筹城乡发展的角度出发，城乡规划的层次中应增加跨行政区的区域规划，这部分规划又分为省际和省外两个部分。省际的跨区域规划始自长三角、珠三角等发达地区的区域合作，目前这样的跨区域合作已经拓展到西部地区，近期开展的《成渝城镇群协调发展规划》立足城乡统筹和区域统筹，为推动成渝一体化建设发挥了重要的作用。

　　省内的跨区域规划实践主要是以次区域规划的形式展开，目前正在进行的典型的次区域规划有《成都平原城市群规划（2013～2030）》，由于地方立法的规定，这样的规划在四川省具备法定规划的效力，规划的主要目标为实现成都平原城乡一体化发展水平的优化提升。

城乡总体规划应是城乡统筹规划的主要载体，目前已经完成的代表案例是《重庆市城乡总体规划（2007～2020）》，正在进行编制工作的代表案例是《全域成都规划》，从规划的编制力量上来说，直辖市和较大的市，具有编制全域规划的能力，但是县和县级市，由于种种原因，目前编制全域规划还存在一定的实际困难。而目前县、县级市的总体规划编制方式，实际上还是城乡二元的，主要内容为城关镇、中心城区的用地布局规划和行政区内的城镇体系规划。为促进县级行政单元的统筹城乡发展，应下大力气完成县级行政单元的全域规划的编制工作。

对于村镇规划来说，亟须提高规划建设全流程服务的水平。村镇总体规划和具体的建设规划应紧密衔接，目前成都地区部分乡镇创新了村镇规划的环节，提供全流程服务，也就是地方政府出资从村镇总体规划做到新农村设计方案，这样的解决方案也是一种思路，但是从长远来说，农村基层的规划设计市场是需要培育的而不是靠行政干预就能健康发展的，所以这种非市场化的行政行为效果究竟如何还需要长期观察。

4.1.3 城乡统筹规划应立足于"在地规划"

如果将规划行为还原到每个人的话，那么城乡统筹规划与个人生活水平的改善、财产性收入的提高密切相关。台湾建筑师黄声远、江文渊等人的在地建筑学研究，给我们提供了重要启示——地域本与主义无关，在地、并植根于大地深处，放弃概念、程序、模式、文字与图像的执念，直接从在地植根的经验中汲取建筑的能量，仿佛林中的生物，对于群落场域中的土壤、空气、温度和水分凭与生俱来的本能予以应对[1]。

从"在地建筑学"到"在地规划"，是统筹城乡发展的必经之路，"在地"就是规划与建筑对话的界面。建筑师在地建造的尝试，产生了良好的经济效益

---

1 周榕. 在地建筑学——从行走到植根［R］. 北京：有方空间. 2013.

和社会效益。黄声远先生在中国台湾宜兰县主持的"田中央"项目在两岸建筑界引起了巨大反响。

中国台湾地区宜兰县在最近的17年内，已经换了4届"政府"，但是"田中央"的项目一直持续进行，建筑师也没有离开现场。地方和建筑师都认为，这是一个整体的乡村环境整治项目，而不仅是建造房屋。宜兰河改造属于整体改造项目的主线，之后开展的滨河环境整治、村民活动场地等项目，都是在整体环境改善的基础之上完成的（图30）。

宜兰县的项目具有强烈的社会关怀意识，其中"津梅栈桥"最具代表性。这一项目精彩之处在于细节，使跨河的村民具有了良好的出行体验和交往空间，而不仅是一项基础设施建设。"在地"的理念通过本项目得到了很好的诠释。津梅栈桥的设计方法就是在主要交通流线的两侧进行悬挑处理，并通过造型展现风吹芦苇的意象。这样的设施非常实用，同时也创造了生活场所（图31）。

图 30 台湾宜兰县宜兰河改造工程

图片来源：田中央联合建筑师事务所

图 31 津梅栈桥

图片来源：田中央联合建筑师事务所

宜兰县的乡村发展不禁让人思考，什么是中国乡村发展的永恒主题。公共服务均等化、基层民主治理或者增加财产性收入，这些都是阶段性的发展任务。而贯穿中华文明的田园精神，却是在任何历史时期和任何社会制度下的永恒主题。田园精神既有耕读传统的延续，也有"不如从此去"的洒脱。黄声远先生认为，最后的作品已经不完全是建筑师或事务所的作品，而是工匠、村民、业主所有人的作品。这一实例再一次证明，城乡统筹规划不仅是空间规划，还是乡村社会治理的一部分。

4.2 推动地方立法明确规划定位

4.2.1 城乡统筹规划纳入法定规划的路径

城乡统筹规划编制的目的就是为了推进统筹城乡发展，将城乡统筹规划纳入法定规划的范畴也是为了更好地实施规划。目前中国的城乡规划法制建设，正在从三方面同时进行改革，以保障城乡统筹规划的创新实践。

（1）完善地方性法规条例

根据《城乡规划法》的要求，各省（区、市）出台了相关的《城乡规划条例》，这些地方性法规是对《城乡规划法》在地方的实施细则，目前中国各省（区、市）正在积极开展此项工作。

根据《宪法》第100条规定："省、直辖市的人民代表大会和它们的常务委员会，在不同宪法、法律、行政法规相抵触的前提下，可以制定地方性法规，报全国人民代表大会常务委员会备案。"所以地方性法规是省、自治区、直辖市以及省级人民政府所在地的市和国务院批准的较大的市的人民代表大会及其常务委员会，根据宪法、法律和行政法规，结合本地区的实际情况制定的、并不得与宪法、法律行政法规相抵触的规范性文件，并报全国人大常委会备案。

目前中国四个直辖市和除台湾以外的各省、自治区已经基本完成了《城乡规划条例》的立法工作，个别省区已经进行了充分的立法准备工作，目前正在征求意见中。所以说，直辖市和省级城乡规划条例的立法工作已经基本完成，而且从重庆、四川的实践来看，主要的立法导向就是推动城乡一体化发展。

《哈尔滨市城乡规划条例》于2012年1月1日起颁布实施，对于城市规划区内的乡村发展，条例第40条进行了明确的规定：

"对已经制定城市、镇控制性详细规划尚未进行建设的区域，市、县（市）人民政府应当根据城市、镇的发展进程，兼顾规划实施和农村发展的实际需要，制定专项控制规划，合理确定控制范围、控制时限和控制方式。

在专项控制规划确定的控制范围内，确需进行乡村建设的，核发临时乡村建设规划许可证；未实施专项控制的区域，依照本条例有关乡村建设的规定实施规划管理。"

这一规定就是针对城乡发展中的城乡接合部的矛盾问题提出了解决方案：一是通过专项控制规划限制盲目开发，二是核发临时乡村建设规划许可证严控违法建设。这一条例的出台，解决了城市待开发地区比较现实的日常性建设管理问题。所以说，城乡发展中的各种矛盾问题，都需要通过地方性法规的完善予以充分的规范。

中国目前市级城乡规划条例立法工作还留有很大的空白，目前仅有部分省会城市和较大的市完成了立法工作[1]。市级城乡规划条例直接关系到市域城乡总体规划的编制和实施，也与项目审批和落地直接相关，所以推动市级城乡规划条例的立法工作，对城乡统筹规划的发展具有至关重要的意义。

（2）完善城乡规划编制办法

目前施行的2006版《城市规划编制办法》（建设部第146号令），不能有效指导城乡统筹规划的编制。主要的问题在于：市域范围内城镇体系规划的控制力弱，不能全方位指导统筹城乡发展工作；现行编制办法对于跨行政区划的区域规划控制力弱，不能很好地解决区域协作统筹发展的问题；总体来看这部《编制办法》并不是城乡一体化的规划编制办法。

---

1 李晓江，张菁，彭小雷等. 城乡统筹视野下城乡规划的改革研究［R］. 中国城市规划设计研究院，2012：21.

为了解决国家层面《编制办法》缺位的问题，部分省市颁布了符合地方发展要求的地方性规划编制导则，河北省编制导则类别制定较为丰富和完善。在各地出台的地方性规划编制导则中，值得一提的是成都市出台的《成都市小城镇规划建设技术导则》，这部地方性的规划编制办法，针对小城镇的发展提出了具体的要求，立足城乡统筹，提倡"一镇一特色"，统一了公共服务设施的配置标准，也统一了规划编制深度，提出了依托小城镇统筹城乡发展的具体要求。这部《导则》，对成都市统筹城乡发展发挥了关键性作用。

从统筹城乡发展的角度出发，应从两方面完善城乡规划编制办法（导则）。首先，应完善国家层面的规划编制办法，应明确城乡一体的规划编制原则，加强规划的系统性；应完善对于跨行政区的区域规划的编制指导，并应明确城乡总体规划（全域规划）的编制方法。

其次，在地方性规划编制导则的更新中，应加强县级行政单元的规划编制指导，从目前的城镇化趋势来看，县域已经成为统筹城乡发展的重点。县域的空间尺度适中，可以充分考虑县域小城镇以及农村地区的综合发展和空间布局。所以，编制办法（导则）的创新，在国家层面是要进一步明确统筹城乡发展的理念，在县域层面是要细化城乡统筹规划的方法，如此可以做到纲举目张。

（3）完善技术标准和相关规范

现行的城乡规划技术标准体系分为基础标准、通用标准和专用标准三个层次，这三个层次的技术标准着眼点不同，但是近年来都依照统筹城乡发展的要求进行了完善。

基础标准主要的内容为城乡用地分类，《城乡规划法》颁布实施之后，这部分的内容已经基本理顺，并已经充分考虑到了与国土用地分类的衔接。通用标准的主要内容包括用地与设施的规定以及基本方法与基础工作，这部分的内容已经城乡一体；专用标准可以认为是通用标准分专业的深化，目前已经更新了大量的镇、乡、村层次的标准。

总体来说，目前城乡规划的标准体系已经基本完善，但是还存在两方面的问题：一是缺乏城乡统筹规划相关标准的整合；二是应完善城乡统筹规划基本方法和基础工作的要求，这方面的工作应作为规程固定下来。这两部分的内容可以合一，形成综合性规划的规划标准，建立城乡统筹规划的规划标准体系（表7）。

城乡统筹规划的标准体系　　　　表7

综合性规划	规划标准体系		适用范围
城乡统筹规划	区域城乡统筹规划规范	省内	省域城镇体系规划框架内城乡统筹规划部分内容；省内次区域规划框架内城乡统筹规划部分内容
		省际	省际跨行政区规划框架内城乡统筹规划部分内容
	全域城乡统筹规划规范	直辖市	行政区内城乡统筹规划的通用标准和专用标准
		省会城市和较大的市	
		县（市）	
	镇村城乡统筹规划规范	镇、乡、村	镇村规划建设的具体标准

4.2.2　地方土地要素相关问题立法的影响

目前关于统筹城乡发展中土地要素相关问题的法律主要有《宪法》《土地管理法》《农村土地承包法》《物权法》等（表8）。

与统筹城乡发展土地管理相关的法条　　　　表8

宪法	土地管理法	农村土地承包法	物权法
第10条规定：城市的土地属于国家所有。农村和城市郊区的土地，除由法律规定属于国家所有以外，属于集体所有；宅基地和自留地、自留山也属于集体所有	第10条规定：农民集体所有的土地依法属于村农民集体所有的，由村集体经济组织或者村民委员会经营、管理；已经分别属于村内两个以上农村集体经济组织的农民集体所有的，由村内各该农村集体经济组织或者村民小组经营、管理；已经属于乡（镇）农民集体所有的，由乡（镇）农村集体经济组织经营、管理	第4、15、32、42、44、49、50条规定了承包权利的归属和继承等内容	第60条规定：（一）属于村农民集体所有的，由村集体经济组织或者村民委员会代表集体行使所有权；（二）分别属于村内两个以上农民集体所有的，由村内各该集体经济组织或者村民小组代表集体行使所有权；（三）属于乡镇农民集体所有的，由乡镇集体经济组织代表集体行使所有权

农村和城市郊区的土地集体所有，这一大的法律概念是明确的，但是对于什么是"集体所有"，目前并没有明确的定义。《土地管理法》进一步明确了集体土地所有权的主体为"农民集体"，农民集体又分为村农民集体、村内农民集体、乡（镇）农民集体，集体经济组织、村民委员会、村民小组有经营管理的使用权。而《物权法》认为集体经济组织、村民委员会、村民小组可以行使所有权。由于这一前置条件并不明确，所以在统筹城乡发展中产生了诸多土地要素相关问题的纠纷，影响到城乡统筹规划的编制和实施，这些问题分为五个方面（表9）。

统筹城乡发展中农村土地要素相关问题 表9

农村土地所有权主体	农村土地承包经营权流转	农村建设用地相关问题	宅基地相关问题	小产权房相关问题
我国法律并未明晰集体所有的具体概念，农民土地主体虚位；乡、镇政府代为行权，造成农村土地国有的事实，这样加深了人地矛盾	承包经营权的流转对象必须是集体经济组织成员，流转方式未明确有抵押，如以承包经营权入股必须是为从事农业合作生产。这样实际上目前农户将土地流转给大企业和公司的行为是很含糊的法律地带	农村建设用地使用权可以入股、联营，也可以出让、转让、出租，但禁止用于非农业建设，只有因破产、兼并企业，乡镇、村企业的厂房等建筑物抵押权实现这两种情况才允许因农村建设用地使用权人发生变化而改变土地用途	一户一宅基地，宅基地除了自用外，没有其他合法或顺畅的流转形式。目前我国部分地区新农村建设突破了一户一宅的规定，而且在流转中也发生了一些产权纠纷	农村集体或者地方乡镇政府，违反规划，未经出让程序，直接和开发商签订协议，产生小产权房的违法事实；目前国家对现存小产权房没有任何法律法规进行保障，各地处理小产权房的政策并不相同

对于以上五类问题，目前的地方立法正在积极探索解决的路径。城乡统筹规划的研究工作应及时掌握立法的动态。

（1）农村土地所有权主体正进一步明确

根据《四川省农村集体资产管理办法》第2条的规定："本办法所称农村集体经济组织，是指村、社（组）全体农民以生产资料集体所有制形式设立的独立核算的组织。本办法所称农村集体资产，是指农村集体经济组织全体农民共同所有的资产"，这一定义将"集体所有"的概念进一步明确了，在目前的四川省新农村建设中，"集体"的概念实际上就是"村民议事会"，通过基层民主进一步强化了集体经济组织的权利。所以说，"集体所有"的概念是与基层民主的发展密切相关的，乡、镇政府代为行权就是等同于国家所有，与"集体所有"的规定相悖。在进一步的城乡统筹规划实践中，应注意"集体所有"所含有的意义，既包括经济权利的保障，又包括农村基层民主权利的行使。

（2）农村土地承包经营权流转正逐步放开

从四川省实践可以看出，政府对于规模经营是大力支持的。四川省从2010年开始启动实施种粮大户补贴政策，2012年省农业厅、财政厅、发改委联合下发《关于推进粮食适度规模经营的指导意见》，2012年全省种粮大户和专合社等粮食规模化经营面积达177万亩。根据相关规划，到2015年四川省各种类型适度规模经营达到1000万亩。因此在实践中，土地承包经营权流转已经没有障碍。但是需要注意两个问题。

首先，社会资本介入农地流转，农户在经济关系中处于弱势，应加强对农户的经济保护。目前农户提高了自我保护的意识，大多在流转中采用实物地租的形式收取流转费用以抵抗通胀。地方立法还应出台相关条例进一步规范流转合同等相关规则。

其次，应在土地流转中逐步解决农地破碎化的问题。四川省的农地确权工作开展较早，截至2012年底，已基本完成了农地确权的工作。农地产权明确并不代表农地整合完毕，在未整合农地资源的情况下，就匆忙确权，更增加了将来土地整理的难度。农户自家的土地都未集中，规模化经营就难以实现。在目前的四川省农村，农地集中经营的障碍有很多，但是土地流转的瓶颈显然已经不在于权属问题。在具体操作层面上，农地流转还需经过"换地"这一环节，由于目前解决农地破碎化的市场化机制尚未成熟，所以农地破碎化是新农村发展中存在的现实障碍。

（3）农村建设用地入市正在试水

中国现行法律对农村建设用地执行严格的审批制度和用途管控制度，农村建设用地入市的探索争议颇多。对于《成都市集体建设用地使用权流转管理办法》，不少学者持批评态度，认为农村集体建设用地入市，建立所谓城乡统一的建设用地市场等等政策主张是错误的、不合时宜的。主要的依据是城乡建设用地入市不能缩小城乡差距[1]。这些争论的缘由，主要是因为中国农民阶层目前实际上已经分化，对待农村集体建设用地的态度不可能各地相同。从城乡统筹规划的角度出发来看这个问题，应该将讨论的重点转向"建什么"和"怎么建"，因为农村建设用地的产权也归"集体所有"，只要建设的收益归集体所有，而且建设的思路符合统筹城乡发展的需求，就没有禁止建设的必要。无论入市不入市，这些建设用地也不可能闲置，无论谁开发，只要符合规划需求，就应该赞成。

还有学者认为这些增量土地对土地市场冲击较大，会扰乱市场秩序，这其实是对土地的不可移动性理解不深。区位条件直接决定土地价值，根据经济地理学的观点，克罗农（Cronon）的"第一天性"是至关重要的。这确实是一个很令人不快的事实，那些天生的不公平是不容易补救的，经济活动总是聚集在相对有限的地区。所以"市场冲击论"并不可靠。

强调全域规划，就是要加强对农村建设用地的规划引导，如果未来集体建设用地可以入市，那么城乡统筹规划也将成为农村集体建设用地"招、拍、挂"的前置条件。

（4）宅基地相关规定已经松动

《土地管理法》第62条规定："农村村民一户只能拥有一处宅基地，其宅基地的面积不得超过省、自治区、直辖市规定的标准。"《物权法》第153条中提到了"转让"的情况："宅基地使用权的取得、行使和转让，适用土地管理法等法律和国家有关规定。"也就是说宅基地当然是可以转让的，但是要符合各种规定。《国务院办公厅关于严格执行有关农村集体建设用地法律和政策的通知》中规定："农村住宅用地只能分配给本村村民，而且农村村民出卖、出租住房后，再申请宅基地的，不予批准。"这一规定表明，农村村民在村内转让宅基地已经是既成事实了。

---

1 贺雪峰. 地权的逻辑［M］. 北京：东方出版社，2013：205.

《成都市集体建设用地使用权流转管理办法（试行）》体现了"法无禁止即为可"的思想，宅基地流转在规定条件下增加了联建、出租、补偿退出三种切合实际的形式，这一规定是符合现实条件的，也推动了城乡统筹规划的发展。如果没有这样的松动，"三个集中"等城乡统筹规划是无法实施的。

四川省截至2012年底，农地确权已经基本完成，但是宅基地的确权却推进缓慢，其中最大的障碍就是社会各界对宅基地的政策预期并不相同。观察目前各地的探索路径，宅基地政策方面未来的导向还是以"还权赋能"为主，在一户一宅的原则下，宅基地实现产权权能的障碍会逐步消除。所以在城乡统筹规划中，涉及农村居民点建设的法律问题，目前通过地方立法等手段已经基本解决。

（5）小产权房相关问题处理基本明确

目前各地对于小产权房都采用了相应的措施（表10），虽然处理力度不同，但是总体来说就是转正和拆除两种结局。无论媒体如何美化小产权房的正当性，也无法掩盖小产权房的违法事实。对于城市建设和农村发展，小产权房建设都是破坏规则的行为，无论对集体土地的权益所有人还是对潜在的产权所有人都构成了权益侵害。

解决小产权房的唯一出路就是在全域规划的基础上，分阶段分情况逐步解决。对于符合规划条件，建设质量能够满足施工验收规范的，应明确产权权利；对于不符合全域规划要求的，应依法拆除，拆除后应根据实际情况复垦、收归国有或者是在全域规划的指导下进行新农村建设。总之应尽快将小产权房的问题纳入全域规划的体系内系统解决。

小产权房的处理办法　　　　　　　　　　　表10

结局	出路	进一步的手续	具体情况	备注
转正	政府为低收入者提供的公共租赁住房	不补交土地出让金；补办"两证一书"，补办全套施工及验收手续	已建设完毕但是未交易	符合城乡规划各项要求，建筑质量符合施工验收标准
	城市商品住房	补交土地出让金及税费；补办"两证一书"，补办全套施工及验收手续	已建设完毕并已交易	符合城乡规划各项要求，建筑质量符合施工验收标准

结局	出路	进一步的手续	具体情况	备注
拆除	拆除后复垦	按违法建设处理	占用基本农田	不符合城乡规划各项要求，建筑质量不符合施工验收标准
	拆除后进行土地整理，征为国有土地并纳入储备	按违法建设处理	在城市规划区内，不占用基本农田	建筑质量不符合施工验收标准
	拆除后仍为集体建设用地	按违法建设处理	不在城市规划区内，不占用基本农田	不符合城乡规划各项要求，建筑质量不符合施工验收标准，纳入城乡统筹规划统一考虑

由以上分析可以看出，地方土地要素相关问题的立法工作，对城乡统筹规划具有直接影响。在城乡统筹规划的工作中，应实时把握立法动态，并及时提供规划对策和建议。

4.2.3 城乡统筹规划是"三规合一"的平台

目前在中国，城乡规划在整合相关规划的过程中面临很多现实难题，这其中既有管理体制方面的原因，也有规划制度上的原因，更有技术方面的原因。但是这些原因都不是关键所在。从根本上讲，问题还是出自城乡规划本身。客观地说，近年来出台的土地利用总体规划以及国民经济和社会发展规划都是城乡一体、覆盖全域的，而城乡规划的区域性视野才刚刚展开。在目前各层级的城乡规划中，只有城市一级的规划率先实现了对其他规划的整合，这一方面是因为"两证一书"的刚性约束要求，另一方面是因为地方规划行政管理部门的日常工作核心就是新建项目审批，所以在地方行政主官的意识中，已经将城乡规划视为统摄城市发展的主要手段，城市一级的规划实现三规合一并无实质性障碍。

区域层面的规划整合力不够，一是因为对新型城镇化发展的规律理解不深，二是因为对于新型城乡关系的认识不足。这样就无法从事新型城镇化的顶层设计，也无法协调好区域城乡关系，所以难以将城乡经济社会发展、土地利用等内容纳入空间规划的平台。实际上只要能够认识到区域空间发展的不平衡现象，把握空间聚集的趋势，分析人口的空间流动和社会流动进程，就能够从宏观上把握区域城镇化发展的趋势，并在大判断的基础上整合相关规划的具体内容。

从目前中国新一轮的省域城镇体系规划的修编工作可以看出，规划的话语体系发生了明显变化。原有省域城镇体系的话语体系的关键词是职能、规模和地位，而目前的新趋向是重点讨论新型城镇化的区域特点和发展路径。省域城镇体系规划中，已将新型城镇化的分区分类指导作为核心内容，并以此为依据深化区域统筹城乡发展的具体措施。在新型城镇化的话语体系下，比较容易整合主体功能区规划、经济区规划、土地利用总体规划等相关内容。

对于全域规划来说，尤其是目前的县域规划，还很难完成规划整合的工作。相关研究认为，应尽快总结和推广浙江、广东云浮等开展县域规划的成功经验，扩大其影响力，通过努力使其得到国家决策层面的认同，并成为国家法定规划[1]。

在统筹规划的背景下，对于"三规合一"的认识也应有所变化。"三规合一"的早期概念基本上是指城乡规划将相关规划的空间内容进行整合，这实际上就是把相关规划需要做而做不成的事纳入城乡规划中去实现。而目前城乡统筹规划涉及大量城乡经济社会发展和社会治理的内容，只通过空间规划无法彻底解决。比如城镇化涉及的产业发展和就业带动问题，就需要多项规划联动考虑，所以"三规合一"在目前发展阶段的第一要务是协同，而不是简单的规划叠加。

研究认为利用城乡统筹规划作为规划整合的平台，抓住了目前城乡发展中的主要矛盾，规划内容系统全面，可以令空间规划和社会治理真正实现合一。

4.3　服务地方发展完善政策职能

4.3.1　不同层面区域政策对于城乡统筹规划的影响力

中国现行区域政策可总体概括为三个层面。

第一个层面是实施区域发展总体战略，即推进新一轮西部大开发，全面振

---

1 李晓江，张菁，彭小雷等. 城乡统筹视野下城乡规划的改革研究［R］中国城市规划设计研究院. 2012：123.

兴东北地区等老工业基地，大力促进中部地区崛起，积极支持东部地区率先发展，加大对革命老区、民族地区、边疆地区和贫困地区的扶持力度，充分发挥不同地区的比较优势，促进生产要素的合理流动，深化区域合作，推进区域良性互动发展，逐步缩小区域发展差距。

第二个层面就是按照全国经济合理布局的要求，规范开发秩序，控制开发强度，形成高效、协调、可持续的国土空间开发格局，具体来说就是推进形成主体功能区。

第三个层面是促进新型城市化健康发展，优化城市化布局和形态，加强城镇化管理，不断提升城镇化的质量和水平。具体包括城市化战略格局、稳步推进农业转移人口转为城镇居民和增强城镇综合承载能力等内容。

为了更好地承接新一轮西部大开发政策，《重庆市城乡总体规划（2007～2020年）2014年深化》深入解读了重庆特色的内陆开放的具体内涵，认为重庆具备可持续与具有国家影响力的功能体系，具有稳定并有紧密组织的区域腹地，下一步应继续推进生态文明、多元和谐的城乡统筹示范区建设，最终建成富有人居吸引力的美丽山水城市。从重庆的城乡总体规划的最新动态可以看出，区域发展总体战略直接对应于全域规划目标体系的建立。对重庆来说，全域规划也点出了重庆的双重使命，即城市竞争命题和省域统筹城乡发展命题的叠加。

在省域城镇体系规划中，对主体功能区的要求与顶层城镇化设计密切相关，也是分区分类推进新型城镇化发展的依据。按照主体功能区规划的要求，四川省的重点开发地区包括89个县，是全省经济增长的重要支撑区，是全省新型工业化、城镇化的承载区，也是经济和人口密集区；限制开发区包括35个县，以提供农产品为主体功能，需要在国土空间开发中限制大规模高强度开发；生态功能区包括57个县，限制大规模高强度工业化城镇化开发。《四川省省域城镇体系规划（2013～2030）》在主体功能区规划的基础上，进一步提出了城镇化的分区分类指导策略（表11）。

四川省城镇分区分类指导　　　　　　　　表11

	自然本底	动力机制	主体功能区	城镇化特征	发展策略
城乡一体型	平原县	传统产业型植入产业型	重点开发区域	城乡差距缩小，高端功能区域化布局	城乡均衡、同质发展基础设施共享、产城融合，提升城镇建设品质
多中心网络型	平原县丘陵县	传统产业型服务主导型	重点开发区域限制开发区域	优化点轴格局，提升县城能力	多城镇专业化分工发展，基础设施同城化
极化点轴型	平原县丘陵县盆周山地县少数民族山地县	传统产业型植入产业型服务主导型能矿主导型农特主导型	重点开发区域限制开发区域生态功能区域	集中发展，城镇依托廊道串珠发展	做大做强中心城镇，提升县城承载能力，基本公共服务均等化
散点型	盆周山地县少数民族山地县	农特主导型旅游主动型能矿主导型服务主导型	限制开发区域生态功能区域	乡镇体系扁平化，城镇规模小，分散独立发展	加强生态保护，完善全域交通，基本公共服务均等化

对于新型城镇化政策提出的具体要求，地方在新型城镇化规划中均有落实和深化的内容。如《广东省新型城镇化发展战略规划》提出了要在新型城镇化的过程中传承地域文化，挖掘农村长远价值，并提出了广东省城镇文化形态五大分区：珠三角平原广府区、粤北山地客家区、粤东北山地客家区、粤西山地广府区、粤东沿海潮汕区、粤西沿海广府区（图32）。

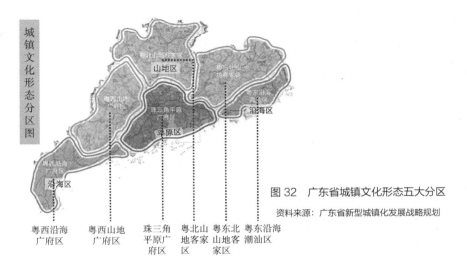

图 32　广东省城镇文化形态五大分区

资料来源：广东省新型城镇化发展战略规划

以城镇文化形态分区为依据，规划进一步提出了维育自然生态、彰显历史人文、践行地域创新的具体规划措施，比如对珠三角平原广府区，要凸显珠三角平原作为广府文化核心区的人文特色，活化龙舟赛等传统习俗，恢复龙舟水岸等公共空间，保护并拓展传统民居、骑楼、园林的意象。这些具体的规划策略就是城乡统筹规划的地方方法。

总之，区域政策对于城乡统筹规划的影响也是分层次展开的，区域发展总体战略对于新型城镇化的路径选择密切相关，国土空间开发格局政策对于新型城镇化的分区分类推进具有决定性作用，而新型城镇化政策体系对于城乡统筹规划的具体方法影响最为直接。

4.3.2 城乡统筹规划对于区域政策的整合

区域政策是一个内涵丰富的政策体系，以东北振兴政策为例，这个政策体系包含区域产业政策、区域财税金融政策、资源型城市转型政策、区域社会保障政策、区域开放政策、区域空间布局政策、区域其他政策等。城乡统筹规划应首先做好区域政策的整合工作，才能在实际工作中把握好政策机遇。

（1）梳理区域政策的主线

2003年10月，党中央、国务院发布了《关于实施东北地区等老工业基地振兴战略的若干意见》（中发〔2003〕11号），标志着东北地区等老工业基地振兴战略正式启动。

2003至2012年，国家层面东北振兴的政策性文件共计65份，有的是推动振兴的综合性指导，有的是为了解决体制性、机制性问题，还有的是关于推进经济结构调整；与统筹城乡发展直接相关的是保障和改善城乡社会民生方面的20份政策文件。纵观东北振兴政策体系，其中的主线是推动老工业基地改革开放和科学发展。东北振兴政策体系对于统筹城乡发展的思路非常清晰，一是城镇化的优化发展，主要的方法是老工业基地的改造和棚户区治理；二是发展现代农业，主要的方法是推进规模经营；三是加强城乡生态环境建设，提高森林覆盖率。

再具体到辽宁省来说，2010年，辽宁省非农业常住人口占全省总人口的52.3%，全省城镇化水平高达60%以上，所以统筹城乡发展的主要政策就是基于高密度城市群这一省情，拉动农村经济发展空间，促进农村剩余劳动力就地转移，增加农民收入，提升土地规模化和集约化程度，促进农业农村发展方式的转变。

城乡统筹规划应对区域政策体系具备全面的认识，充分了解政策的背景、政策相关部门、政策的实施程序等内容，同时也应关注地方政府是如何承接国家区域政策的，这样才能够增强城乡统筹规划对发展局面的掌控能力。

（2）把握关键地区的发展动态

关键地区的发展规划代表了国家战略导向，城乡统筹规划应对其予以高度关注。对于东北振兴政策体系来说，最具代表性的发展地区就是辽宁沿海经济带，这一地区作为东北振兴的战略高地，在统筹城乡发展方面出台了一系列的新举措。

《辽宁沿海经济带发展规划》明确提出了以发展县域经济为载体，加快社会主义新农村建设，促进城乡之间公共资源均衡分配和生产要素自由流动，加快形成城乡经济社会一体化发展新格局，具体的措施就是充分发挥地方工业带动优势，做强县域工业企业。为了实现县域突破，地方政府实施了县域经济倍增计划，也适时进行了绥中、昌图扩权强县试点，推动县域经济跃上新台阶。

在县域经济倍增计划的支撑下，辽宁沿海经济带发展了一批设施农业小区，这也是促进新农村发展的新举措，既符合东北地区的自然环境特点，也具备工业产品设施的支撑。设施农业小区的发展，具备东北特色，是东北地区统筹城乡发展的独特路径。配合县域收入倍增计划，近五年来辽宁省政府仅设施农业一项累计投资30亿元，相当于平均给每个农民补贴700多元。目前辽宁省设施农业、滴灌农业的规模和水平是位居中国首位的，设施农业小区是"两化互动"推进统筹城乡发展的具体体现。

（3）系统评估区域政策的落实情况

为了提高规划的政策整合力，需要对现行区域政策的落实情况进行系统性的评估，尤其是关系到统筹城乡发展的关键政策。

辽宁省委政研室在系统梳理中央支持东北地区等老工业基地有关政策举措的落实情况时，发现统筹城乡发展方面的政策落实力度不够，尤其是在缩小城乡收入差距比方面，辽宁省近十年来的数据显示，城乡收入差距是在扩大的。2002年至2011年，辽宁省城镇居民人均可支配收入由6524.6元增加到20430元，农村居民家庭人均纯收入由2751.3元增加到8270元，城乡收入比从2.37增至2.47。

为了做好下一个十年辽宁省统筹城乡发展的政策保障工作，辽宁省委政研室建议加大辽宁省城乡就业资金转移支付力度，增加国家补助资金规模；明确城镇居民社会养老保险与城镇职工养老保险、新农保和被征地农民社会保障等制度的衔接政策及相关具体操作办法；加大对辽宁发展现代农业的支持力度；部分城市尽快落实享受国家西部开发政策优惠，同时还要继续加大对辽宁省农信社的扶持力度[1]。

政策评估是城乡统筹规划的前置条件，此项工作目前在各地开展的城乡统筹规划中并未体现。政策评估不同于规划评估，政策评估是从宏观层面分析目前区域整体的政策环境，尤其是在目前的发展阶段，政策评估应该包含对传统城镇化的反思，也应从城乡一体化的价值层面判断政策的影响，政策评估也是避免城乡统筹规划结构性风险的方法。

4.3.3 保障公民自由的公共政策设计

为了避免在实际操作中城乡统筹规划的公共政策属性仍停留在理念层面，应将公共政策设计的观念贯穿从新型城镇化的顶层设计到政策实施的全流程。城乡统筹规划的公共政策属性除了体现为空间性、权威性以外，还具有综合性、

---

1 辽宁省委政策研究室. 系统梳理中央支持东北地区等老工业基地有关政策举措的落实情况［R］.
   2012.

过程性、公益性等内涵。作为公共政策的城乡统筹规划，核心仍在于公平与效率的兼顾。但是由于城乡统筹规划的时空跨度大、社会牵涉面广，所以在面临资源分配和利益权衡时会更加难以决策。

对于公共政策设计的导向来说，艾伦·戴维森（Alan Davidson）（Google公司的政府关系及公共政策部主管）的观点具有启发性，他认为公共政策设计就是"精心设计的自由"，政策设计的出发点就是保证自由的权利。中国学者周其仁也认为城乡发展中应建立规则，"用抽象的规则保证具体的自由"。这些观点对公共政策的理解是恰当的，也揭示了公共政策设计的根本目的。

长久以来，城市规划都是基于限制和控制进行公共政策的设计，对于规划如何保障公民自由的论题讨论并不充分，这也可以认为是空间规划的时代特点。城市规划在很长的历史时期内都是在强化威权意志，或者就是阶级划分的工具。但是城乡统筹规划和威权主义是格格不入的，并且事实上除了村民自治以外政府并没有更低成本的治理办法。事实也一再证明，如果城乡统筹规划具有了威权色彩，一味强迫村民迁村并点、集中居住，也没有什么好的结果。所以作为公共政策的城乡统筹规划，根本目的是应该充分保障公民的民主权利和财产权利，而不是强迫、限制公民对未来发展的选择。

具体来说就是城乡统筹规划的公共政策设计要与城乡社区自主组织和自主治理的框架相协调。鉴于城乡规划领域内关于治道变革的研究总是落后于治道变革的实践，所以还是得从目前已有的规划实践中寻求启发。在世界城镇化的快速发展期，工业模块化的思潮流行过很长时间，规划师为了用最经济的方法满足城镇化的需求，只能最大程度简化潜在使用者的需求。日本、苏联都有大规模推行模块化社区的经历，虽然模块化的实践在20世纪70年代之后就基本上销声匿迹了，但是模块化的思想仍然影响中国的城乡发展。不少地方官员都存有"毕其功于一役"的想法，尤其是在城乡接合部，这样的做法比比皆是，这样的公共政策导向束缚了人的自由发展。哈尔滨市在城乡接合部出现了大量模块化的社区，这些社区从长远来看对城乡发展构成了障碍（图33）。

中国台湾地区屏东县玛家农场的村民，在灾后重建初期，也抵触模块化的

图 33　哈尔滨市南岗区
的城乡接合部

图片来源：作者自摄

重建："我住进来了，但灵魂还没进来"；"住在那种灰白精舍的房子里，连生小孩的欲望都没有"。玛家农场的原住民认为，"政府"提供的新村规划侵害了他们的自由。对于原住民来说，发展取向的社会创伤造成灾难性的后果，对于失去猎场与传统领域的原住民而言，这不仅是安置（relocate），而是重新寓所/迁村（rehabilitation）的问题[1]。谢英俊认为新的规划是为了"解决过去的积累"，并主张用社会性的方法解决规划建筑问题，具体的方式是提供一个开放系统，用社区自主组织和自主治理的方式解决新村建设问题。谢英俊认为"自己干"是空间生产的重要方式，所以他游说于部落和"政府"之间，一方面协商要求更大的空间，另一方面对原住民提供协助。谢英俊倡导的"社会建筑"在台湾的实践形式包括规划说明会、专家咨询会议、小区说明会等。

　　玛家农场最后的方案协调为：玛家、好茶、大社三个部落间以绿地公共设施区隔，依坡面平行配置囊底路作为家族或邻里空间，此空间景观上连接山景或辽阔的平原，全区以三种房型间错配置，建筑间预留侧面空地方便弹性增扩，前棚可灵活更动成传统石板屋（图34）。

　　四川省城乡统筹规划包含的一项重要公共政策就是新农村建设，四川省通过乡城统筹规划推进新农村建设的成就有目共睹，但是这项公共政策的设计还

1 黄孙权. 三种脉络，三个方法——谢英俊建筑的社会性［J］. 新建筑，2014，1：4-9.

玛家农场永久屋
台湾，屏东县，玛家乡
Majia farm
permanent housing
Majia,Pingtung,Taiwan 2010
结构：轻钢构、混凝土基础
建材：墙面-杉木雨淋板
　　　屋面-镀锌烤漆钢板
户数：玛家部落/132户
　　　好茶部落/177户
　　　六社部落/174户
　　　共计483户

图 34　玛家农场永久屋
图片来源：乡村建筑工作室

并不完善，部分举措还损伤了农户的自由权利。比如增加农民负债，束缚了农民的经济自由；还有的项目未通过村民议事会的表决就匆匆上马，侵害了村民的民主权益；还有最严重的问题是新农村的规划建设总量过大，这其实是政府将农村单向度发展的意志大范围地强加给农民，这样很容易造成大面积的社会问题。建议四川省的新农村建设在进行稳健的政策评估和政策设计之后再逐步推进。

4.4　匹配规划事权保障规划实施

4.4.1　明确城乡统筹规划的事权结构

目前中国城乡统筹规划的事权结构并不清晰，一方面是因为多头管理、条块分割的行政体制缺陷所致，另一方面是因为城乡统筹规划涵盖的空间范围还未明确。

首先，中国各地城乡统筹规划的主管部门并不一致。有的是由农业部门主管，有的是由发改部门主管，还有的是由地方统筹办统一管理，只有部分地区城乡统筹规划是由规划部门牵头的。这种情况也反映出目前统筹城乡发展中存在的问题：农业部门主管涉农资金和项目；发改部门主导了基础设施和公共服务等方面的发展；统筹办是地方新设立的机构，机构设置的目的就是统筹城乡发展，但是并没有空间规划行政运行权。从目前成都市的经验来看，城乡统筹规划应纳入城乡规划主管部门统一管理，成都市城乡统筹规划的编制流程就具有各部门联合编制的环节，规划可以充分容纳各部门意见，发挥了龙头作用（图35）。

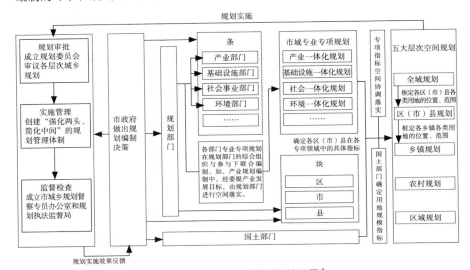

图35 成都市城乡统筹规划流程图[1]

　　成都市统筹城乡发展的核心经验之一就是要以城乡统筹规划统揽城乡发展全局，而时至今日，仍有不少地区的城乡规划并未理解"规划区"的含义，认为规划区就是"市区"或者是"中心城区"。实际上城乡规划法对于"规划区"的定义十分清晰："本法所称规划区，是指城市、镇和村庄的建成区以及因城乡建设和发展需要，必须实行规划控制的区域。规划区的具体范围由有关人民政府在组织编制的城市总体规划、镇总体规划、乡规划和村庄规划中，根据城乡经济社会发展水平和统筹城乡发展的需要划定。"在统筹城乡发展的要求下，规划区就是全域，这一概念应牢固不可动摇。部分城市在城乡发展中，缺乏全域意识，这样"规划区"之外的地区自然会陷入部门规划条块分割的纷争中去。

1 叶裕民，焦永利. 中国统筹城乡发展的系统构架与实施路径——来自成都实践的观察与思考［M］. 北京：中国建筑工业出版社，2013：159.

目前济南市城乡统筹规划体系并未覆盖全域，这也是中国目前大多数城市城乡规划的现状。济南市的城乡统筹规划体系是依据"规划区"的概念建立的，城乡统筹规划体系只能覆盖"规划区"的范围，而总体规划中规划区的范围是市区，这样一来济南市的城乡统筹规划体系就不得不放弃了济阳县、平阴县、商河县和章丘市。当然这四个县（市）也会编制城乡统筹规划，但是这四个县（市）与济南市区的发展对接就很容易脱节。济南市规划区内的城乡统筹规划还是比较深入细致的，充分考虑了市区内乡镇的发展和空间用地布局，但很可惜的是，规划没有突破既有的规划架构，也没有建立覆盖全域的城乡统筹规划体系（图36）。

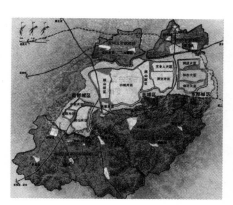

济南市区（规划区）层次、概念示意图

济南市区"三带"空间结构图

济南市区城镇乡村建设规划图

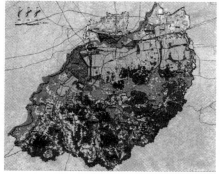

济南市区用地与空间资源分区管制图

图36 济南市城乡统筹规划图

图片来源：济南市城市总体规划（2010～2020）

由此可见，为实现城乡统筹规划的事权结构的明确化，应具备两个前提条件：一是城乡规划主管部门应建立完善城乡统筹规划的体系，将部门规划很好地吸纳进来；二是城乡统筹规划应具备全局意识，将全域规划、全域统筹作为城乡统筹规划的指导方针。在这样的前提下，城乡统筹规划与其他规划的合作才可以制度化，也不会再存有边界模糊的事权空间。

4.4.2 根据发展需要选择统筹城乡发展的平台

目前中国研究界普遍将统筹城乡发展的期望寄托于县域发展，一方面是出于"郡县治则天下安"的家国情怀，另一方面是因为近年来县域确实是中国城镇化发展的热点地区。将县域作为统筹城乡发展的基本单元，在目前中国的大多数地区并没有错，但是这其中的逻辑必须厘清。首先，县域并非天然就作为统筹城乡发展的平台，是近年来县域城镇化的突出表现增强了县级行政单元的地位；其次，县域城镇化是否代表未来城镇化的发展趋势，在不同地区需要区别对待，目前的现象并不一定代表未来的结果，城镇化的速度快也不一定证明城镇化的路径正确。所以世事无绝对，本书对"城乡统筹规划必须在县域层面展开"的论调持有怀疑态度，尽管目前开展县域统筹发展是比较现实的选择，但是统筹城乡发展的重点明显是和城镇化的热点高度重合，所以本书更倾向于"根据发展需要选择统筹城乡发展的平台"这一表述。

县域是目前多个地区城镇化的热点地区，这是不争的事实。从四川、山东多地的数据可以看出，县域城镇化的进程明显加快。但是部分地区确实存在生产力的空间布局不利于县域发展的客观现实，统筹城乡发展的关键在于城乡要素流动，如果县城根本无法作为现代城市提供生产力要素，那么县域统筹城乡发展也无从谈起。比如四川盆周山区，县城用地规模和发展潜力极其有限，在这样的情况下基于县域视野是无法推动统筹城乡发展的，只有拓展统筹城乡发展的平台，从更广阔的区域寻找、统筹发展资源，才有可能带动这些落后区域农村腹地的发展。依据四川的现实来讲，目前部分地区县域城乡统筹工作实际上是无力展开的。四川省也注意到了这一现象，对于无力开展县域城乡统筹发展的贫困山区和少数民族地区，均提供了区域发展平台。比如"彝家新寨"的新农村发展政策，涉及凉山10县，这10个县实行了"统筹型捆绑式"开发，基础设施、公共服务、扶贫开发均以"彝区"为单元，而不是局限于县域。

以大都市区作为统筹城乡发展的平台，成都交出了漂亮的答卷。从根本上讲，成都统筹城乡发展的实践，就是中国大都市区治理的实验。在这样的统筹架构下，能够从较大的范围统筹城乡发展的要素，所以成都一、二圈层均获得了优质的发展；为了推行成都经验，《成都平原城市群规划（2013～2030）》作为更大范围的大都市区治理实践被提上日程，其中的关键协议为2010年3月签署的《成都经济区区域合作框架协议》，这一协议实质上推动了成都经济区"1+7"（德阳、绵阳、资阳、眉山、乐山、雅安、遂宁）区域统筹发展平台的建立。所以说，成都平原地区已经基本迈入了城乡一体化的发展阶段，需要建立更大的城乡统筹规划平台，兼顾市场机制下的分散决策和区域政府解决区域公共问题的优点。

从以上的实例可以看出，统筹城乡发展平台的选择和建立，与两方面的因素有关，一方面是依据区域生产力的空间布局情况，另一方面与统筹城乡发展的阶段有关。基于这两点再看山东、广东近期的新型城镇化规划，就会有更深层的体会。山东省之所以选择县域作为统筹城乡发展的基本单元：一是因为山东省人口流动不明显（省内流动和省外流动均不明显），县域人口总量稳定；二是生产力的空间布局偏向县域，尤其是山东半岛的县域生产力水平普遍较高。山东省选择县域发展之路是脚踏实地的现实之选。

广东省新型城镇化路径基于新的均衡观：省域层面从单一极化走向"强而均衡"格局，具体的策略为珠三角扩区、外围地区都市区培育和县级单元发展。实际上统筹城乡发展就是三级平台：一是以珠三角世界级城市化区域建设为核心，优化城乡一体化发展的质量；二是以都市区培育为载体，紧凑城镇、开敞布局。按照"疏密有致、功能有序、各有特色"的要求合理优化调整城镇空间和城乡居民点布局，形成城镇空间紧凑和人居环境一流、绿色集约、生态优越的统筹发展格局；三是以县域单位为平台，以优美自然环境和美丽乡村为基质，实施差异化发展政策。广东省统筹城乡发展的格局是基于城镇化发展阶段进行的科学决策。

4.4.3 优化统筹城乡发展平台的规划事权

地方政府应根据城乡统筹规划平台的选择优化规划事权。鉴于目前城市一级的规划事权比较清晰，所以优化的重点应向两端延伸。一方面是优化县级规划主管部门的治理构架，如进一步加大县级行政单元的规划事权范围，同时对有条件的镇赋予更充分的规划行政权力，或者是权力上收进行垂直管理；另一方面是探讨跨区域规划事权归属的问题。这两方面的探索持有的基本观点都是"责、权、利相一致"，而且重点都在于制度设计而不是权力争夺。

对于城乡统筹规划的难点——村庄治理，杭州市的制度设计值得借鉴。杭州村庄治理的思路是"上下结合"，核心方法是建立了"乡村建设规划许可证"制度，取代了原有的"一书一证"制度（"村镇规划选址意见书"和"村镇规划建设许可证"）。提出合理分层、分级控制、过程参与的编制和管理创新，因地制宜地确定管理范围。统一许可要件、优化管理程序，为改进乡村规划管理工作提供了一些思路和探索[1]。杭州的村庄规划事权清晰，管理范围明确，可操作性强（图37）。

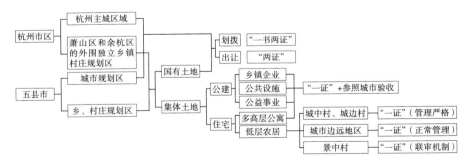

图37 杭州市乡村规划管理范围界定[1]

---

1 汤海孺，柳上晓. 面向操作的乡村规划管理研究——以杭州市为例［J］城市规划，2013，3：59-65.

对于跨区域规划事权的问题，日前发布的《京津冀地区城乡空间发展规划研究三期报告》提出了一些新的观点和方法。这份报告认为，首先应建立国家有关部委主导的跨省协调机制，增强国家在各省市之间的生态、交通、文化、城镇网络规划协调与统筹；同时应不断完善和加强各省市之间有关区域协调发展的沟通、会商与合作机制，协调落实跨省市的合作项目；还有应探索建立北京、天津、河北省各城市，环首都、沿海等重点区域各县的空间规划交流平台，以加强京津冀之间空间规划的协调性。

具体的三项跨区域合作计划为"畿辅新区""京津冀沿海经济区"和"京津冀生态文明建设实验区"。这样比较系统和完善的区域合作制度可以承载统筹区域城乡发展的各项事务，其中生态文明建设实验区的机制，对推动县域生态型城镇化的发展，提高县城自我完善和自主发展能力具有重要意义。而"畿辅新区"的动议拓展了京津冀地区统筹城乡发展的想象空间，（图38）。

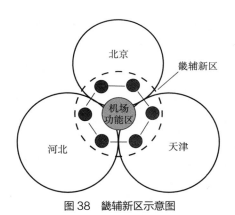

图38 畿辅新区示意图

资料来源：京津冀地区城乡空间发展规划研究三期报告

畿辅新区并不是空想，而是对传统"京畿观"的延续。历史上的首都北京就不是一个简单的城市概念，而是一个京畿地区的概念。清朝时期北京城是政治中心、文化中心，天津是海上门户，是运输中心和商业中心，承德是行宫和夏都，张家口是防务和对外贸易，保定是教育中心，长城是关里关外的分界线，秦皇岛的出海口，因此可以说京畿地区实际上是一个首都圈的概念，也可以说历史上健康发展的北京本来就是一个区域性城市[1]。涉及首都的规划构架和机制调整是国内规划领域的风向标，随着京津冀合作的深入开展，中国跨区域规划

---

1 王凯. 从"梁陈方案"到"两轴两带多中心"[J] 北京规划建设，2005，1：32-38.

事权的问题应会进一步清晰。

4.5 本章小结

从直觉规划到系统规划是城乡统筹规划方法的完善思路，首先需要进行的优化调整就是城乡统筹规划的编制体系。城乡统筹规划的主要任务已从空间规划拓展为城乡关系的调整，应根据新的历史时期的规划任务要求进行各层级规划重点的调整，同时应实事求是地进行"在地规划"。

作为城乡统筹规划方法体系的支撑层，法律、政策和事权是城乡统筹规划实施的基本保障。研究首先讨论了城乡统筹规划纳入法定规划的路径，同时分析了地方立法对于规划发展的影响，提出了城乡统筹规划是"三规合一"的最优平台这一观点。

为了更好地服务地方，城乡统筹规划应完善政策职能，本书首先分析了不同层面区域政策对于规划的影响力，提出了城乡统筹规划对于区域政策的整合思路，并认为保障公民自由是城乡统筹规划公共政策设计的出发点和基本点。

为了确保城乡统筹规划的运行，各级政府应进一步明确城乡统筹规划的事权结构：一是城乡规划主管部门应建立完善城乡统筹规划的体系；二是城乡统筹规划应具备全局意识。应根据需要选择统筹城乡发展的平台，地方政府应根据城乡统筹规划平台的选择优化规划事权。优化的重点一方面是优化县级规划主管部门的治理构架，另一方面是探讨跨区域规划事权归属的问题。这两方面的探索持有的基本观点都是"责、权、利相一致"，而且重点都在于制度设计而不是权力争夺。

5. 城乡统筹规划的运作思路——底线·竞争·多元

在讨论城乡统筹规划的具体方法之前，研究认为还应对中国的改革潮流进行轮廓性的描述。这些规划方法，一部分是改革所释放的红利，另一部分就是改革本身；也就是说，社会改革的进程中会激发出一些规划方法，而规划方法本身也会推动改革。所以对于城乡统筹规划的具体方法，研究是将其作为改革的探索对待的，同时也在思考这些源自规划领域的努力对整体社会前行的意义。

科斯（Ronald H. Coase）在系统阐述中国的改革之路时曾分析过中国从单一市场经济走向多元市场经济的历程，从其论著中可以获取三个词组高度概括中国改革的三个关键点：边缘革命、区域竞争和思想市场。

对于边缘革命，科斯认为中国社会主义经济最重要的发展并不发生在其中心，而是在它的边缘，在受国家控制最弱的地方，是那些落后的、被边缘化的群体。这一观点在当今中国仍然适用，30年前这一群体是农民，而现在这一群体不但包括农民还扩大到了农民工阶层，同时也包括城市贫民。

科斯还曾高度评价中国地方政府主导的区域竞争，并认为要素市场的崛起首先是从地方开始的，随着地方政府参与度的提高，竞争逐步向区域化发展。中国学者也多持有相似观点，张五常也认为县与县之间的竞争是理解中国经济奇迹般崛起的关键。对于区域竞争的另一面，陶然教授认为，1994年进行了分税制改革之后，为了扩大税基，地方政府开始大规模招商引资，并通过所谓的"经营城市"，开启了一个以城市化过程中土地开发为基础的"空间城市化大跃进"，为了招商引资，不惜通过恶性竞争，为制造业投资者提供低价土地、补贴性基础设施，并降低劳工基本权益和环境保护等方面标准[1]。从统筹城乡发展的角度来看近年来的地方政府竞争，不能忽视恶性竞争的宏观负面效应。

一旦中国思想市场崛起，政治体制改革得以深化，将更好地激发蕴藏在中

---

1 陶然，魏国学. 四川省城镇体系规划城乡统筹研究报告［R］. 2013.

国人民中的创业精神，降低市场体制的运行成本，最终为经济增长提供强劲的动力。科斯还认为思想市场的一大显著优势在于它与多元文化和政治体制的广泛兼容性。科斯对于思想市场的定义比"解放思想"还要丰富[1]。

确保社会边缘群体的权利实际上就是确保社会共同的底线，这一点与秦晖教授的"底线意识"不谋而合，秦晖教授认为共同的底线就是争取最低限度的自由权利和社会保障[2]。这也是为什么本书不厌其烦地强调城乡统筹规划公共政策设计的出发点应该是保障公民的自由权利。从规划方法上来说就是完善城乡统筹规划的系统，在提供空间规划的同时确立农村市场经济和农村社会的协调发展之路，进一步完善农村公共服务的保障体系，这是本章第一、二节论述的主要内容。

为了避免地方政府的恶性区域竞争，纠正地方政府的偏好和干预，城乡统筹规划应引导区域协调发展，同时也应把握城乡要素流动的趋势并顺势而为。统筹城乡发展应改变目前以空间扩张为特征的传统城市化道路，在地区发展潜力识别的基础上进行规划引导，达到"精明增长"的目的。区域竞争的重点应从争投资、争土地、争权力转向促进城乡要素的充分流动。本章第三、四节讨论的是地方政府应如何通过统筹城乡发展获得在区域互动和统筹协调的局面。

城乡统筹规划是单向度规划时代终结的标志。本书希望通过城乡统筹规划达到传承、发扬乡土文化的目的，也希望一些特殊地区、敏感地区的统筹城乡发展得到规划领域的广泛关注。所以本章第五、六节围绕乡土文化和多元化的城乡形态发起讨论，希望城乡规划领域的"思想市场"能够充分开放，为社会经济的发展发挥智库的作用。

城乡统筹规划对于边缘革命、区域竞争和思想市场这三个关键点的应对方法是持守底线、顺势而为和周遍含容。

---

1 罗纳德·H·科斯，王宁. 变革中国——市场经济的中国之路 [M]. 北京：中信出版社，2013.
2 秦晖. 共同的底线 [M]. 南京：江苏文艺出版社，2013.

5.1 城乡统筹规划的市场底线

5.1.1 促进农村市场经济和农村社会协调发展

《国家新型城镇化规划（2014～2020年）》指出，要"加强城市规划与经济社会发展、主体功能区建设、国土资源利用、生态环境保护、基础设施建设等规划的相互衔接。推动有条件地区的经济社会发展总体规划、城市规划、土地利用规划等'多规合一'"。多规合一的目的是建立覆盖城乡的完整的空间规划体系，城乡统筹规划是这一空间规划体系的平台，在实际工作中应落实城乡统筹规划保障公民自由权利、推进还权赋能的具体措施。这些具体措施大体可以分为两类：一类是用来确认资产的潜能，另一类是为了保护交易。这些措施是促进农村市场经济和农村社会协调发展的关键。

城市规划已经具备了较为完善的措施用以确认资产潜能和保护交易——通过确定控规的指标体系并作为"招、拍、挂"的前置条件，通过"一书两证"制度控制开发流程，通过规划公示制度确保信息对称等等。目前中心城区的规划体系是严密和完善的，所以公众对于资本的预期比较明确，产权交易的体系也十分完备，尤其是信息公开比较透明，避免了内幕交易和不完备的产权交易。

反观目前规划体系并不完备的地区，包括城乡接合部和广大农村地区，资产的前景并不明确，交易的保护机制也并不完备。所以农民并不知道自己资产的价值，也不能够将资产变为有效的资本，再加上信息公开并不完善，很有可能陷入产权不完备的交易中去，这也是小产权房产生的背景。

"多规合一"对于建立农村产权交易体系是至关重要的，农村的产权交易体系既包括宅基地的交易平台、农地流转平台，也包括农村集体经营性建设用地交易平台等。这些平台的运转的关键就在于两点：一是明确定价机制，二是降低交易成本。

再回过来看城市建设用地的定价机制，当然这是一个复杂的定价体系，但是规划是定价的一个公认标尺，区位条件、开发类型、建设指标基本决定了资产的价值。所以目前城市建设用地的定价机制是以城市规划为核心的。不难推想，城乡统筹规划可以成为农村产权交易体系定价机制的核心。对于宅基地的价值来说，未来与服务节点的关系、新农村规划建设水平等因素是定价的关键；对于农地来说，地力、规模、承包租赁的条件是定价的核心；对于农村集体经营性建设用地来说，开发的前景直接决定了定价。所以农村产权交易体系也是以规划为核心进行定价的，因为无论城乡，对未来的预期都决定了资产的价值。之所以城乡统筹规划能够有推进还权赋能的能力，是因为规划和定价基本上就是一回事。一直有人在发问，城乡统筹规划的范围到底在哪，实际上这个问题很直接：需要定价的东西都得做规划。

"剩余价值"学说是不考虑交易成本的，但是实际上交易成本（科斯于1937年提出）一直存在，交易成本对于农民来说是无法忽视的。从目前农村土地要素的流转中可以看出，交易成本有时是地方政府和农民的巨大负担。首先，土地要素交易的时间成本巨大，根据"增减挂钩"的规则，土地置换需要有复垦的环节，这样一来一宗土地交易的时间实际上就被拉长为三年以上。其次，由于信息的交换迟缓，农民始终是在黑暗中交易，信息不对称所造成的交易损失和拆迁纠纷层出不穷。通过规划降低交易成本也是一个很大的话题，但是至少城乡统筹规划应做到两点，首先是通过"精明增长"淘汰"增减挂钩"，就是该建设的地方建设，该种田的地方种田，"增减挂钩"是规划主线不明确所造成的反复，如果建设和农田各得其所，那么总体的时间成本就会大大降低。

还有对于农民在交易中的成本（实际上是不平等交易的损失），可以通过进一步的信息公开避免，这也要求城乡统筹规划需要建立更加透明的信息公开机制。农民必须参与规划才能降低交易成本，这一点通过成都实践已经得到了充分证明。只有村民议事会完全主导新农村建设规划，才能做到公平交易。但是村民议事会的建立又与基层民主的推进密切相关，所以社会建设对于经济发展来说也是起到决定性作用的。

我们再来梳理一遍城乡统筹规划的线索，首先要建立一个完备的空间规划体系（这一前提基本已经具备了），在此基础之上编制、落实城乡统筹规划。这一规划具有农村资产的定价权，保障农村产权交易体系的运行；这一规划也具有保护交易的功能，通过基层民主治理、规划的公众参与，降低交易风险和交易成本，最终达到社会建设和市场经济协调促进发展的新局面。多规合一、城乡统筹规划、农村产权交易体系、农村社会治理是环环相扣、密不可分的，城乡统筹规划对于市场经济的直接贡献在于主导定价和降低交易成本，间接贡献是推动农村社会的健康发展。因此衡量城乡统筹规划是否真正落实的标尺，一是农村的产权交易是否真正活跃，二是农村社会是否走上了健康发展的轨道。

5.1.2 依据城乡统筹规划建立农村产权市场的定价机制

重庆目前实行的地票制度是对农村产权市场定价机制的探索，地票生产价格加上农村土地发展权补偿价格就是地票成本价格。地票的定价机制并不完善，也非完全市场化运作。主要的原因有三点。

（1）地票成本的概念模型不完善

重庆地票成本概念模型为：

$$P=C_1+C_2+C_3+C_4+C_5{}^1 \qquad （式1）$$

式1中，P为地票成本价格，C_1为土地取得费，C_2为土地复垦费，C_3为利息，C_4为利润，C_5为农村土地发展权补偿价格，式中前4项为地票生产价格。但这一概念模型具有明显缺陷。

首先是具有重复计算的嫌疑。C_1项土地取得费这个概念十分模糊，到底是房屋和地上构附着物补偿费、土地使用权补偿费还是农户购房补助费并未说清，而且与C_2项有重叠部分。应将C_1和C_2项合并，统称为土地复垦费，包括土地复垦至验收完成之前的全部成本，不应再重复计算重合的计费项目。

其次就是忽略了市场交易成本的概念，因为这个市场的稳定度低，对于地票制度的存废依然存疑，关于地票的市场投放总量和结构也没有明确的预期，所以市场波动剧烈，这样的现实增长了投机风气，从长远来看是损害市场的行为。应该加强对市场的监管，将信息、监管、交易等费用纳入总成本的考虑中

---

1 邱继勤，邱道持. 重庆农村土地交易所地票定价机制探讨［J］. 中国土地科学，2011，10：77-81.

去，从长远经营的角度来对待市场，而不是总表现出一种实验性、临时性的市场态度。实际上城乡统筹规划本身就是地票交易成本的一部分，所以地票成本中应有规划开支的项目。通过规划，市场才能有明确的预期，对于地票的产生、定价和落地都有比较明确的预判，市场透明度更高，也更加有利于市场监管，打击投机和炒作风气。

（2）农村建设用地定价机制不完善

由于没有全面的城乡统筹规划，在现实核价中C_5项没有对照依据，C_5项的具体计算方法如下：

$$C_5=P_j-P_n \qquad （式2）$$

C_5为农村土地发展权补偿价格，P_j为复垦地块建设用地价格，P_n为复垦地块农用地价格。农村土地发展权补偿价格等于地票生产地区的复垦地块用途由建设用地变为耕地，导致土地预期收益减少值。由于没有规划支撑，P_j项是无法计算出来的，因为重庆大多数偏远山区并没有建立完善的城乡统筹规划覆盖机制和农村集体建设用地定级估价机制。在没有规划预期的情况下，农村建设用地的价值无法明确判断，所以C_5项的计算也是含混的。

（3）地票定价并未与市场接轨

这里的"市场"指的是地票的落地市场，从式2的解释中可以看出，目前C_5为农村土地发展权补偿价格，等于地票生产地区的复垦地块用途由建设用地变为耕地导致土地预期收益减少值。但是地票市场的主要动向和价值体现是由落地市场所决定的，用地票生产地区的建设用地价格作为地票定价的主要依据不能反映市场波动和真实供求关系。所以真正与市场接轨的办法，就是将地票落地的市场表现反映到地票价格中去。用目前的生产地区建设用地价格作为计算依据核算成本，农民是吃亏的。

重庆市的地票制度是较为抽象的，但是基本上可以概括性地描述目前农村产权市场定价机制，就是静态的与市场疏离的定价机制，这种定价机制几乎是目前所有涉农产权纠纷的渊薮。而城乡统筹规划是从发掘创造性潜能的角度来对待农村资产，以重庆地票为例，作为农村市场经济改革的一部分，城乡统筹规划首先应覆盖全域，并以规划为基础建立农村建设用地市场的估价机制；地票的价格不应刻意低估，应将市场交易成本纳入总体成本中去，这也是培育地方规划设计市场的举措；同时，农村土地发展权补偿价格应引入市场波动的系数，让地票成本能够实时反映市场走势。

把重庆的案例推而广之，无论实施地票制度与否，城乡统筹规划对农村产权市场的定价都是发挥关键性作用的，这是因为以市场预期为导向的定价规则将取代目前静态的定价规则。从目前城市建设用地定价的关键环节来看，控制性详细规划发挥了重要作用。从目前中国镇村规划的实际来说，控制性详细规划的层次可以根据实际情况简化，而且对开发强度的控制也并非城乡统筹规划的关键。建设层面的规划对于城乡统筹规划来说更为实际，一方面减少规划层次，减轻了农村负担，另一方面对于产权市场定价的指导更为明确清晰。从目前成都的实践来看，小城镇规划可以直接做到修建性详细规划甚至是建筑设计，这样农民对未来产权定价的预期是十分明确的。目前这些规划的费用都是由政府承担，客观的说费用低、周期长，设计单位参与热情不高。如果将规划纳入农村产权市场定价的成本，那么农村地区的规划费用将从市场交易中获得，在设计费用来源明确的基础上，设计单位参与的意愿和设计的竞争度都会提高，也将会促进农村产权交易的进一步活跃。

5.1.3 城乡统筹规划对于农村产权交易的保护机制

为了促进农村市场经济发展，除了保护产权之外还要保护交易。城乡统筹规划对于保护交易发挥两方面的作用：一是权利表述，二是信息透明。

城乡统筹规划代表农民声明权利，用抽象的图文将这些表述带向市场。市场上的每一名潜在投资者，是无法大范围一一考察农村市场的，所以城乡统筹规划是市场投资的重要依据。规划中一定会声明规划的范围，用地的划分、权属，未来的发展趋势和获利的途径，这样的权利表述全面、专业。这与自从出现了大宗商品交易所之后，农民就不用去集市上交易大宗农产品是一个道理。成都的农户在城乡统筹规划施行之前，只能依据自身力量发展经济，在城乡统

筹规划的帮助下，以村为单位将权利表述推向市场，这样才能获得市场积极的
反馈，获得多元的投融资渠道。

　　作为权利表述的规划应该是真实而严密的，如图39所示，杭州淳安县大墅
村，一旦涉及到规划调整，必须向村委会申请，由村委会主持，经过四邻同意、
村内公示、规划主管部门备案，方可实时修正规划。杭州市的乡村规划体系既
强化了规划的可操作性，又加强了权利表述的客观性，所以强调产权归属是城
乡统筹规划的重要特征。

图39　淳安县大墅村居民点权属

　　对于信息透明来说，其中最重要的环节是提高城乡统筹规划的公众参与程
度，主要的路线一是推进农村基层民主的发展，二是逐步完善城乡统筹规划公
众参与的方法。叶裕民教授已经充分论证了推进基层民主与统筹城乡发展之间
的关系，此处不再赘述。

　　马克斯·韦伯构建了"社会行动"的概念，并且阐明了社会行动在不同情境
下的可能向度。从社会行动的四个层次逐步完善城乡统筹规划的公众参与是切实
可行的。目前农村社区在规划的公众参与方面基本已经达到了社会行动的第一个
层次，即目的理性式，这一层次是根据对周围环境和他人客体行为的期待所决定
的行动，这种"期待"就是对规划的要求，规划被当做达到行动者本人所追求的
和经过理性计算的目的"条件"和"手段"，所以这一阶段的公众参与是为了保

护规划参与者的基本需求，这也是公众参与应持守的底线。

除了目的理性式之外，社会行动还有价值理性式、情感式和传统式，所以公众参与也应保护规划参与者的价值取向、情感和社会传统。对于城乡统筹规划来说，后三种社会行动是规划的关键所在，同时也是构建和谐城乡的关键所在。这些社会行动看似与市场交易无关，实则是交易质量的保证。

价值理性是通过有意识地坚信某些行为的特定价值，无关成功与否，纯由其信仰所决定的行动，一般与伦理、审美或宗教相关。在川西藏区我们经常面对这样的规划条件，需要尊重当地藏族民众的宗教信仰和价值选择。位于四川甘孜州丹巴县境内的甲居藏寨的规划充分考虑了当地的宗教信仰和对于居住的理解，着力于还原建筑组群与环境高度和谐的布局形态，此类规划项目只有达到了当地民众的"观念的水位"，才有可能获得广泛的支持（图40）。

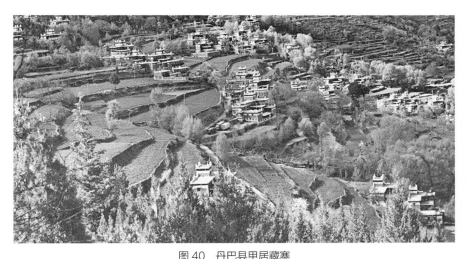

图40　丹巴县甲居藏寨

图片来源：中共四川省委农村工作委员会提供

情感式的社会行动总是会受到外部信息的影响，这些信息往往是对规划项目利好或者利空的传言，造成规划参与者的心理波动。这时规划师应通过公众参与的组织及时传递信息，排除流言以正视听，从而树立规划的权威性。而传统式的行动是由根深蒂固的习惯所决定的，规划师应通过公众的反馈判断公众生活方式是否发生了改变，寻找传统习惯延续或转向的依据。

为完善城乡统筹规划对于农村产权交易的保护机制，应进一步明确规划的深度要求，也就是要完善编制办法、技术标准和相关规范，从而更好地发挥权利声明的作用；同时还应通过公众参与机制的完善，进一步做到信息公开，确保交易的质量。

5.2 农村公共服务规划的路线与重点

5.2.1 充分发挥合作社的经济主体作用

日本的农协法律体系和政策体系都有一定的可取之处，对中国农村合作社的发展具有借鉴意义，对中国目前新农村建设的政策体系构建也具有一定的启示，统筹城乡发展要充分考虑到农村合作社的发展空间，也应充分发挥合作社的经济主体作用推动农村公共服务水平的提高。

从国外农村的发展历程来看，合作经济占据了农村经济发展的主导地位。从市场经济出发放眼长远，城乡统筹规划的参与主体必将是农村市场经济的主体。如今我们规划服务的对象是地方政府或基层自治组织如村级行政单元、村民议事会等主体，也有面对自然人的情况，但是随着我国农村经济合作组织的发展，未来规划服务的主体将会是经济合作组织，这是市场经济发展不可逆转的趋势。作为地方政府来说，可以从宏观上引导区域发展，但是行政力不应长期干涉微观经济运行；对于基层自治组织来说，成员并无经济利益的密切联系，所以也没有共同的经济发展诉求（当然基层自治组织与合作社合体的除外）；对于自然人来说，没有足够的力量影响市场。因此只有合作社能够成为未来城乡统筹规划的参与主体。

日本农协的职能非常复杂，几乎包括日本农村的所有事务，但是其开展业务的目的是为社员和会员服务，不得以盈利作为目标。设立农协的目的是为了促进农业生产效率的提高和农村社会发展，农协本身并不等同于企业，当然也不是政府机构，根据《农业协同组合法》的规定，农协是"非营利性民间法人组织"，这部日本的合作社法律颁布于1947年，迄今为止已经经过了19次修改，已经稳定和成熟。现有资料显示日本现有2500多个综合农协，3515个专业农协，全国近100%的农民和部分地区的非农民参加了农协，现有正式会员546万人，准会员350万人[1]。日本农协为争取政治权利，从历史上就是自民党的死忠拥趸，不但积极支持竞选，同时也是政治献金的重要来源。无论从经济舞台还是政治领域，农协都是一股活跃的势力。

地方农协对规划项目具有很强的影响力，紧邻和歌山大学的"学院城郭都市"项目的112.3hm²用地由和歌山大学周边的农户提供，这在当前的日本是规模巨大的住宅开发项目。农民与浅井建设株式会社共同组成联盟，农协介入项目开发保障农民利益，开发完成后共同获利。本项目搁置时间很久，大约有20年的时间，悬而不决的问题，主要集中在规划调整方面，如果没有农协的介入，规划是不可能落地实施的（图41）。

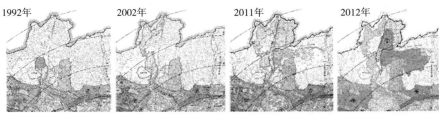

在当地农民的不断争取下，经过20年的时间，和歌山市北部地区，也就是和歌山大学周边区域的规划得以调整，政府终于允许进行房地产开发

和歌山市从南向北鸟瞰，画面中心为项目基地　　部分已建成项目鸟瞰　　保留部分农田

图 41　和歌山"学院城郭都市"项目

图片来源：由和歌山大学原祐二助理教授提供

1 程又中. 外国农村公共服务研究［M］. 北京：中国社会科学出版社，2011：397.

中国农村地区合作组织松散，一方面是因为我国《中华人民共和国农民专业合作社法》对于合作社的业务范围限定太窄，另一方面是因为企业在农村的规模化经营介入过深。反观日本的农协，业务范围可以包括农村金融、保险、医疗等领域，并无过多限制，而且日本农村也没有企业大规模租用农民土地规模经营的现象。对于中国农村的规模化经营，目前实际上是由企业主导的，地方政府已经看到了这种局面的弊端，中国政府目前对于企业长期大规模介入农地资源的态度比较谨慎，而对于农村合作组织规模经营的态度是大力支持的。

比如天津市，对于农村合作社提供明确的用地支持："合作社的农产品生产基地、种植养殖场、农机示范推广用地和设施农业用地、农机停放场（库、棚）等凡未使用建筑材料硬化地面或虽使用建筑材料但未破坏土地并易于复垦的用地，以及农村道路、农田水利用地，可以按照农业用地管理，不纳入农用地转用范围，不占建设用地指标（津政办发〔2013〕13号）。"这样明确的信号意味着未来农村经济的主角将会是合作经济组织而非垄断企业。

"合作社服务中心"是目前北京密云正在进行的基层实践探索，合作社服务中心的主要职能包括推进农民专业合作社组建和规范化运作、落实农民专业合作社扶持奖励政策、提供融资、人才、科技、信息、培训、保险等服务、协调解决合作社发展遇到的困难和问题等内容。合作社服务中心拓展了农村公共服务的平台，从合作社服务中心的机构设置来看，已经将金融信贷、保险、人员培训、市场营销和监管等多项内容纳入进来，基本上和日本地方农协的业务范围没有什么差别。其中有一项系统性工作应该在全国推广，就是建立农产品二维码溯源安全平台，开展农产品现代流通综合试点及蔬菜流通追溯系统试点建设，推行"基地备案、品品报备、批批抽检"为主要内容的农产品追溯管理机制。农产品追溯机制也是日本农协监管农户产品质量的主要方法。

5.2.2　优化农村公共服务的空间组织结构

中国农村地区公共服务资源普遍缺乏，尤其是在中西部地区，所以充分发挥公共服务资源的潜力是务实之选。从城乡统筹规划的角度来说，就是要优化农村公共服务的空间组织结构，以资源配置高效率为导向，调整服务节点、居民点和交通可达性之间的关系。

根据中国城市规划设计研究院的研究成果（《农村住区规划技术研究2008BAJ08B01》），基本公共服务均等化问题可以转化为公共服务节点相对于居民的空间可达性问题，这个问题涉及三个关键因素：基本公共服务节点、可接受的时间、绝大多数居民。根据问卷调查和对于当地公共服务设施的情况判断，可以初步制定基本公共服务均等化的规划策略。这样的技术方法对于优化农村基本公共服务的空间组织结构是可行的。

在规划中是否应主动调整空间组织层次，应根据以上三个变量的相互关系进行判断。四川部分地区镇村体系中新增了新农村综合体的层次，规模约为100～150户左右，实际效果并不理想。新农村综合体并不具备建制镇的功能，主要原因是镇的公共服务职能既无可能也无必要向综合体延伸。

首先，镇的公共服务职能进一步向新农村综合体延伸非常困难，仅以医疗服务方面来看，四川省乡镇基层医务工作者紧缺，工作强度过大。2012年乡镇医院占四川全省医疗机构总数的6%，但是服务了21.2%的就诊人员；农村60%以上的诊疗量由乡镇医院承担，相对于县医院的24%和村卫生所的16%，乡镇医院是农村医疗服务的绝对主力。反观新农村综合体的医疗服务水平，平均每4个新建的卫生所才能配备1名乡村医生，硬件设施空置。

其次，四川省的镇点多面广，且规模普遍偏小，与农村居民点联系紧密。人口密集的成都平原地区、川东北地区、川南地区，小城镇的服务半径分别为5.4、6.4、5.9公里。镇区常住人口规模在1万人以下的小城镇占了全省小城镇的86.5%，镇区人口平均规模为7819人，建制镇的布局已经小而散，从空间可达性方面来说，再增加综合体的层次实无必要。

在镇村结构中盲目增加新农村综合体，只会造成资源浪费和重复投入，不能充分发挥小城镇的带动作用。应该在摸清小城镇空间分布和人口流动规律的基础上，科学调整镇村空间的结构层次。四川省小城镇的分布和镇区人口增长有很强的规律性，离中心城区、县城距离在10km～18km的小城镇数量最多，离

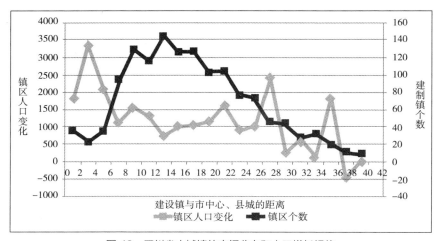

图42　四川省小城镇的空间分布和人口增长规律

资料来源：四川省省域城镇体系规划（2013～2030）

中心城区、县城距离27km、35km左右的小城镇，人口增长最快（图42）。

这一现象说明了镇村空间的调整需要同时考虑空间可达性和人口增长两个因素，并且对不同类型的小城镇应施行不同的规划策略。根据这张图表，可以作出初步判断：距离中心城区、县城10～18km以内的地区，小城镇分布密集，而且镇区人口增长缓慢，没有必要再增加综合体的层次，但是在距离中心城区、县城27公里、35公里左右的地区，小城镇分布数量少，人口增长迅猛，结合可达性可以考虑增加若干综合体作为镇村体系的补充。当然这只是公共服务空间层次调整决策的部分支撑，具体调整还需经过系统化的决策。

5.2.3　加强劳动力转移与就业中的公共服务

在劳动力转移人口市民化的问题上，应有足够的历史耐心，世界各国解决这个问题都用了相当长的历史时期，问题是不论他们在农村还是在城市，该提供的公共服务都要切实提供，该保障的权益都要切实保障。

中国学者比较推崇就地城镇化的转移模式，为了做到劳动力就地转移，从世界经验来看基本上有三条路径。首先是在农村地区发展非农经济以做到劳动力就地转移，对于什么是"非农经济"，世界各国的情况并不相同，成都周边开展的"农家乐"产业是这一类型的代表；其次是在农村地区植入现代工业实现劳动力就地转移，这一方式在日本、韩国经济起飞的阶段都有过大范围实践。中国大多数县级工业园区也是贯彻了这一发展思路，从目前的发展实践来看，中西部县级工业园区成了沿海发达地区三高产业的转移场所，从长远发展来看并不划算，所以中西部地区目前对待县级工业园区的招商引资项目日益谨慎；第三条路径就是农村综合开发，提高农村基础设施水平和环境质量，提升农村地区的整体发展水平，创造就业机会。亚洲地区日、韩还有目前的中国，都对新农村发展投入了巨大的精力。

世界上的这三种模式，不能解决目前中国的主要矛盾，因为经过近30年的发展，中国农村劳动力人口的非农化已经基本完成，现在的目标是将"非农化"过渡为"城镇化"；中国农村劳动力人口的空间流动已经基本完成，现在的目标是促进农村劳动力人口的社会流动。因此在中国现阶段，提供针对转移劳动力的制度性公共服务至关重要。目前已经有2亿多农民工和其他人员在城镇常住，国家在推进农业转移人口市民化的基本政策是坚持自愿、分类、有序三个原则。

自愿就是要充分尊重农民意愿，让他们自己选择，不能采取强迫的方法，部分地区通过规划不顾条件拆除农房，逼农民进城，让农民"被落户"的方法是不得当的。分类就是各省、自治区、直辖市因地制宜制定具体办法，可以探索积分制等办法，成熟一批、落户一批。有序就是要优先解决存量、优先解决本地人口。优先解决进城时间长、就业能力强，可以适应城镇产业转型升级和市场竞争环境的人，使他们及家庭在城镇扎根落户，有序引导增量人口流向。对于在城镇就业但是不稳定的"两栖人"，在经济周期收缩、城镇对劳动力需求减少时可以有序回流农村。

根据国家对于农村转移劳动人口市民化的导向，城乡统筹规划需要综合考虑城镇化人口和回流人口的公共政策设计，在目前的政策范围内，一方面可以利用大城市周边的农村集体建设用地建设农民工公共租赁房，另一方面要科学规划新农村社区的规模和布局。

东京在20世纪60～70年代兴建了大量针对劳动力转移人口的公共租赁房，其中比较典型的是东京60年代第一处公共租赁房—江东区辰巳1-10，业主单位为东京都都市整备局。整个项目占地约为100hm²（部分地块在更新和变化中），目前共计3300户左右，基本上为5层条形住宅，建筑密度约为30%，容积率在2左右。项目的设施配套包括：小游园11处，集会所8处，管理室3处，派出所1处，幼儿园1处，给水塔若干，供给公社1处，邮局若干处。项目设施完备，即使以当今的标准衡量也是优秀的居住社区（图43、图44）。

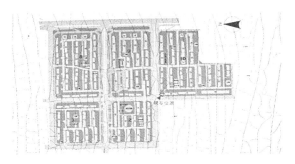

图 43　东京辰巳公共租赁房总平面图

图片来源：作者自摄

图 44　东京辰巳公共租赁房

图片来源：作者自摄

　　这个项目并没有因为公共租赁房的性质降低住区综合标准，项目区位条件优越，有地铁直达辰巳，在20世纪60年代的时候没有地铁，离中心区稍微有点偏，但是直线距离到银座地区也就不过4~5km左右。东京公共租赁房更新的方式为滚动开发，局部一点点的更新。目前这个社区大约有60幢多层住宅，准备更新为更加紧凑的高层社区，最终的规模为12幢高层，2950户。总建筑面积和户数基本不变但是更加集约一些。

　　针对中国农民工的公共租赁房，一方面是要降低成本，所以政策性的选取农村集体建设用地兴建此类公租房可以大大降低土地成本；另一方面从选址和规划标准方面来说，应达到现代化居住社区的平均水准，这也是规划的底线。还有就是租金应考虑租赁人群的收入水平，辰巳的住区目前仍然运转良好，很多人都是长期在此居住，使用面积60m²的户型，每月租金在10万日元以下，在东京这样的地段，租金确实十分低廉。由于政府支持，公共租赁房的社会效益显著，日本的著名建筑师积极参与公共租赁房的规划设计，将这一类型建筑组群的设计水平推向了新的高度。如由山本理显、伊东丰雄、隈研吾等建筑师规划设计的东云CODAN，代表了当今日本公共租赁住房的发展趋势（如图45）。

图45　东京东云CODAN

图片来源：作者自摄

考虑到劳动力转移人口的回流，新农村社区应有总体的规模控制和规划引导。新型城镇化规划预计全国整体城镇化水平将会达到60%，但是不同地区也将会在阶段上有所差异。有的地区新农村的规划规模过大，就目前城镇化水平来看也属于投资浪费，更不用说未来还有增量的劳动力转移人口入城；也有的地区新农村的规划规模过小，因为通过"增减挂钩"政策农村集体建设用地流向了中心城区，这样在经济周期收缩，回流人口增加的情况下又不能满足需求。在目前的情况下，地方政府是无法判断城镇化具体的最终状态的，所以不妨先暂缓新农村的房屋建设，一方面先分批次解决好农民工市民化的问题，另一方面再观察判断好回流人口的动向，等到城镇化的格局初定之后，才能确定新农村的总体规模，避免盲目建设。城乡统筹规划在现阶段的重点是从规划的角度建立社会治理的规则，而不是继续推动新农村房屋的建设。

5.3 实现区域互动与统筹协调

5.3.1 区域竞争的推力与转向

中国的区域竞争在现实中真的和科斯描述的那样完美吗？理解中国的区域竞争，首先应理解中国地方官员的"政治锦标赛"模式。周黎安教授提出，晋升锦标赛作为中国政府官员的激励模式，它是中国经济奇迹的重要根源，但由于晋升锦标赛自身的一些缺陷，尤其是其激励官员的目标与政府职能的合理设计之间存在严重冲突，它目前正面临着重要的转型[1]。这种锦标赛的模式能够解释传统城镇化的单向度特征，因为锦标赛的机制很容易造成偏好替代，缺乏辖区居民的偏好显示，以GDP指标代替居民的偏好；还有在晋升激励下的地方官员只关注那些能够被考核的指标，而对那些不在考核范围或者不易测度的后果不予重视。

周黎安教授解释了地方政府为什么展开激烈的竞争，还说明了他们之间在竞

---

1 周黎安. 中国地方官员的晋升锦标赛模式研究［J］. 经济研究，2007，7：36-50.

争什么，这些竞争的成本转化为传统城镇化的宏观负效应。科斯描述的市场化的区域竞争，实则是权力化的区域竞争。张曙光教授对此也作出了进一步的说明："在这种竞争中，地方政府企业化了……这种竞争的背后都有权力在操控，甚至直接就是权力竞争。于是，政府和官员在权力和市场之间就有了很大的活动空间和自由裁量权。"目前还没有更好的办法可以替代现行的中国地方官员治理模式，但是可以修改参赛的规则，首先是确定参赛组的构成，其次是优化考核的指标。

目前部分省区省内次区域的规划，体现出了选择"可比区域"参赛的思想。中国各省城镇化的进程差异巨大，在中西部省份，省内的区域发展差异更是惊人。比如四川省，既有已经迈入城乡一体化发展阶段的成都平原，也有尚未完全脱贫的盆周山区和少数民族地区。如果没有次区域大板块的划分，将成都平原与盆周山区一起比较的话只会带来负面的激励效果，所以次区域规划就是对锦标赛赛制的优化。事实上目前四川省平原、丘陵、山地和少数民族地区这四大板块是分开考核的，既保证竞争的区域基本是在同一水平线上，也保证了合理的竞争规模。从地方治理的角度来说，次区域规划是优化地方激励机制的一种手段。这是第一个转向。

随着新型城镇化的推进，地方政府的考核指标体系也发生了变化。曾经有过一个思路就是建立综合的考核指标体系，这无疑是一种改进，但是操作起来更加复杂。目前的转向是朝一种更根本的解决之道推进：让政府公共服务的对象对政府施政的满意度进入官员的考核过程，从建立服务型政府的角度建立考核体系。成都在转变政府职能、建设规范化服务型政府方面进行了有益的探索，并且获得了扎实的成果。成都转变政府职能推进统筹城乡发展的基本经验可以总结为：转变治理理念，注重顶层设计，以政府自身转型为先导，持续构建"制度安排、市场运行、公共服务"三层一体的城乡一体化发展格局。城乡居民是否满意是成都政府的最重要考核标准。十余年间，成都的政府工作得到了城乡居民特别是农村居民的高度认可[1]。这样的政府转型无疑是成效显著的。

---

1 叶裕民，焦永利. 中国统筹城乡发展的系统构架与实施路径——来自成都实践的观察与思考 [M]. 北京：中国建筑工业出版社，2013.

区域竞争的转向对于城乡统筹规划提出了两个要求，首先是需要有分区分类的指导思想，其次是要将城乡居民的意愿纳入规划中来。这样的规划才能建立区域互动和统筹协调的良性循环。

（1）有所为和有所不为

城乡统筹分区分类的指导思想就是确立区域地方政府行政作为的准则。从四川的四大板块来看，各板块都具有不同的竞争重点。对于平原来说，发展是竞争的主题；对于丘陵来说，寻求多元化的发展道路是竞争的关键；对于盆周山区来说，生态涵养是地方政府最重要的取向；而对于少数民族地区，脱贫和维护地方稳定是行政作为的目标；这是次区域层面的分区分类思想。再从城乡统筹规划的主要工作——全域规划——来看，全域中也应贯彻分区分类的思想。成都的全域规划虽然是覆盖全域、城乡一体的，但还是将三个圈层的乡镇进行了系统的分类梳理，因为乡镇发展的阶段也明显存在分层现象。所以分区分类的理念，有所为和有所不为的思想，是贯穿各层级城乡统筹规划的。目前在各省的新型城镇化规划中，分区分类指的是在划分次区域的基础上进行县域城乡统筹规划分类指导，这种方式是行之有效的。

（2）全民规划的导向

本研究一贯支持的全域规划，并不定然是全民规划。规划参与的本意就是"闻之不若见之，见之不若知之，知之不若行之"。20世纪90年代的温哥华"全民规划"的经验，可以被吸取到中国的城乡统筹规划实践中。温哥华在任市长戈登·坎贝尔成立了一个15～30人的小组，设计出一套完整的实施方案。由此，一个全民参与的城市规划样本在温哥华诞生。这一规划历时近3年，耗资300万加元，吸引了约10万温哥华民众参与其中，占温哥华市居民人数的40%，在北美乃至全球引发了极大的关注和思考[1]。原来规划专家们担心"全民规划"就是将"烂摊子"甩给民众，而实际上民众会理智地思考这座城市未来的发展方向，提出自己的想法和建议。为了使全民参与不至于走入即兴涂鸦的行为艺术的误

---

1 孟登科，王清．温哥华：全民规划"烂摊子"[J]．南方周末，2010，1377．

区，而保留城市规划这一真问题的讨论方向，温哥华城市规划指导委员会将一批专业的志愿者派遣到各个讨论小组中，有规划专家、建筑师、社工以及教师等，帮助成员完善自己的想法并更有效地组织讨论[1]。这一城市规划编制方法的革命对中国社区规划师、乡村规划师的制度建立具有深远的影响力，这一编制方法的革命也从根本上解决了规划公众参与的问题。回想中国近代史中，总有"民智未开、人民程度未及格"等等论调反对公众参与社会事务，而从成都实践来看，村民议事会具有极高的效率和极深的智慧，当今城乡规划领域如果还对"全民规划"存疑无异于逆历史潮流而动。

5.3.2 纠正地方政府的偏好与干预

在过去的30年中，相信中国几乎所有的地区都在区域竞争的浪潮中完成了巨大的经济增长，但并不是所有的地区都获得了充分的发展，因为发展本身就意味着结构优化，而事实上很多地区的发展结构都存在严重的失衡现象。这一发展缺陷很大程度上是因为地方政府的偏好和干预引起的。地方政府最典型的偏好是大规模投资，引发资本深化和就业弹性下降；而最经常的干预就是行政性的配置土地资源，而这两种行为是贯穿在一个逻辑线索中的。

只要地方政府官员持续面临着经济增长的激烈竞争，那么地方政府财政支出中的基本建设支出就具有资本密集倾向；地方政府通过招商引资进一步提高了引进企业的资本密集度；于是地方政府的支出与GDP的比值持续提高，就业弹性就会下降[2]；而为了保持在竞争中的优势，地方政府不得不行政性地将土地配置为工业用地。所以高增长、低就业和粗放的土地使用这三个现象是紧密联系在一起的。为了不再挤占农民的生存空间，这一招商引资的循环必须打破，釜底抽薪的方法就是限制工业用地扩张，用优化城乡用地结构的方法保护农民的发展空间。

---

1 孟登科，王清. 温哥华：全民规划"烂摊子"[J]. 南方周末，2010，1377.

2 陆铭. 空间的力量——地理、政治与城市发展[M]. 上海：上海人民出版社，2013：149.

（1）通过全域规划设置各类建设用地增长边界

目前学界正在热议划定500万人口以上大城市增长边界的规划方法。从统筹城乡发展的角度来看，仅仅划定中心城区建设用地的增长边界是不够的，应考虑通过全域规划划定各类建设用地的增长边界。尤其是在目前农村集体建设用地入市的前提下，通过城乡统筹规划划定城乡各类建设用地的要求更为迫切。如果仅仅控制住了中心城区，而全域内总体城镇建成区还在扩张，就失去了建设用地总体调控的意义；如果仅控制住城镇建设用地，而将农村集体建设用地放任自流，这部分用地也会变相开发为实质上的城镇建设用地。所以，应通过全域规划明确划定全域范围内所有类型建设用地的增长边界，这样才能发挥城乡规划的调控职能。

通过全域规划，成都优化了26个工业区块布局，工业园区总面积由330.3km²增加至418.3km²，做到了理性的增长，产业用地主要增加在汽车产业集群与淮口智能制造园区（图46）。成都全域内的城镇建设用地增长边界，就是生

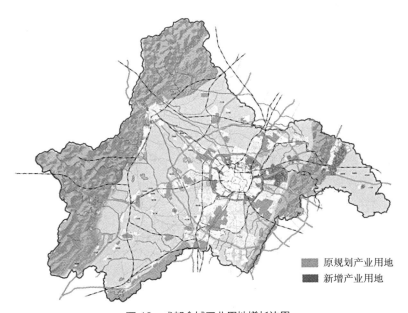

原规划产业用地
新增产业用地

图46　成都全域工业用地增长边界

资料来源：全域成都规划

态红线的边界，无论是何种类型的用地均不得突破如图47所示，成都市域范围内的城镇建设用地增长边界清晰，未来应进一步将集体建设用地纳入规划范围内以便于规划实施，有利于保障农民的权益，也有利于统筹城乡发展的各项工作推进。

（2）只有精明增长是唯一出路

较高产的良田一般都是在城市近郊，也是资金投入最多的良田，如果计算综合效益的话，城市空间扩张中占用郊区高产农田并不合算。从全中国范围来看，还有5000km²的工矿建设用地处于低效利用状态，占全国城市建成区总面积的11%，此外还有大量城市地下空间有待开发，所以城镇建设用地存量开发的潜力很大。基于各种限制性因素综合考虑，精明增长应成为城乡统筹规划空间优化的主要手段。

空间增长是不可避免的，"精明增长"一词意味着开发可以是积极的，城乡空间应通过规划塑造成最明智的形态。将中心城区作为规划重点的城市总体规

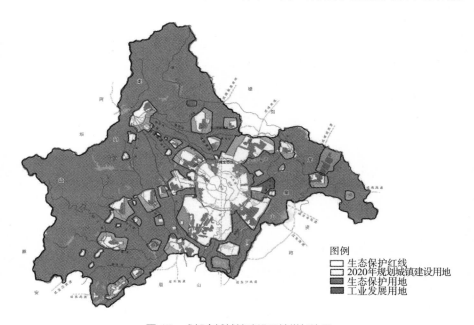

图47 成都全域城镇建设用地增长边界

图片来源：全域成都规划

划不能起到精明增长的引导作用，只有尺度合理的区域规划才能有效地从全局出发进行空间组织，建立城乡联系紧密的"横断系统"，根据从乡村到城市连续断面的逻辑进行规划[1]（图48）。

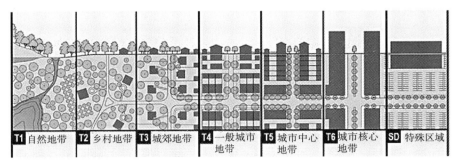

| T1 自然地带 | T2 乡村地带 | T3 城郊地带 | T4 一般城市地带 | T5 城市中心地带 | T6 城市核心地带 | SD 特殊区域 |

图48 精明增长的横断系统

5.3.3 城乡统筹规划指引的羁束与服务

城乡规划主管部门在提供法律法规和规范条例之外还应提供城乡统筹规划的行动指南，这些具体的行动指南就是为了解决地方城乡发展中的现实问题和矛盾。而且客观的说，将城乡统筹规划纳入法定规划的体系、完善城乡统筹规划的编制办法、建立相关的技术规范和标准，需要漫长的讨论和复杂的程序，在规划实践中，规划师和管理人员需要的是规划领域具体技术的政策制定和引导。城乡统筹规划是目前城乡规划编制和管理的重点，亟须出台规划指引，以支撑立法工作周期内的规划编制工作需求。

英国的"规划指引"政策体系对中国城乡统筹规划的编制和管理具有借鉴意义，2012年版的《国家规划政策框架》（*National Planning Policy Framework*）是一份结构性的规划工作指南，国家规划政策框架是政府改革的一部分，力求使规划系统不太复杂，它极大地简化了有关规划政策的规定。作为附件，《国家规划政策框架技术指南》（*Technical guidance to the National Planning Policy*

1（美）安德烈斯·杜安伊，杰夫·斯佩克，迈克·莱顿. 精明增长指南［M］. 王佳文译. 北京：中国建筑工业出版社，2014.

Framework）对于洪水和矿产等问题进行了更为详细周密的规定。

英国的规划指引中明确指导了地方、邻里规划中应该做什么，比如在第三章"支持农村地区的经济繁荣"，指引提出地方规划要支持地方旅游，要促进本地社区和服务的发展，要促进农业和其他的发展、多样化等等。由于英国的规划法体系非常完善，所以人们看到的规划指引中基本上都是服务性的内容，羁束性的内容较少。而在中国，立法本身就是城乡规划理论和实践的弱项，所以城乡统筹规划的指引必须同时体现羁束和服务的内容，主要内容应包括以下几个方面。

（1）对于现行法律、法规、规范等条文的解释

这部分内容是为了树立城乡统筹规划的法定地位，应说明城乡统筹规划的依据、编制部门、编制原则、编制深度、规划范围和实施路径等基本问题，应解释清楚城乡统筹规划与相关规划的关系，并分清规划的责、权、利。在目前城乡统筹规划法定地位未明的情况下，是通过城乡总体规划修编来实现，还是另起炉灶编制城乡统筹规划，或是将统筹内容拆散融合到相关规划中去，各地区情况不同，应根据地方综合发展情况实事求是地制定指引。

（2）对于过时规划编制办法和标准的更新

由于中国各地城乡差距巨大，所以不可能用同一把标尺衡量全国的规划标准。规划指引一方面应更新地方性的城乡统筹规划编制办法，另一方面应及时补充相应的城乡建设规划标准。比如基本公共服务均等化的相关指标，在规划实践中东西部地区差异巨大，只有通过地方规划指引的方式才能更新目前地方规划配置和管控的标准。

（3）针对地方发展特点的建议和要求

根据法无禁止即可行的原则，规划指引应对地方发展中遇到的矛盾问题提供建议和要求。这方面的内容一方面是立法工作的补充，另一方面的重要工作就是将新型城镇化的发展要求逐一落实。中国出台新型城镇化的规划之后，地方对这一规划的理解不同，有的地区甚至会故意曲解规划的本意，所以规划指引也有确保新型城镇化道路不走偏这一层含义。

　　城乡统筹规划指引应由城乡规划主管部门负责，应尽量简化程序，实时修订，能够切实起到规划保障的作用。规划指引的体例也可以参照英国的范式，按专题分篇章建立规划指引的框架，对于具体的规定还可以用附件的形式说明规划细则。总之规划指引的目的是简化规划，而不是把规划更加复杂化。对于目前并无统一规程的规划公共参与的具体设计，规划指引也应根据地方基层民主和社区发展的实际提供可操作的流程。

5.4　城乡要素流动的趋势与规划

5.4.1　城市更新与新农村建设相互促进

　　城乡建设用地是统筹城乡发展的关键要素，陶然教授认为，中国农民工市民化的关键在于城中村与城郊村土地制度改革。本研究认为，应在陶然教授设计的城郊土地制度改革框架的基础上，进一步探讨城市更新与新农村建设相互促进的规划体制改革路径。

　　目前中国农民工市民化进程的阻力来源于多个方面，其中最难解决的矛盾就是农民工的住房保障问题，地方政府财政压力大，而且由于城市增长边界的限制，难以提供新增的城市空间用于保障性住房的建设。究竟是"保障性住房"，还是"住房保障"，这两个思路曾引起过广泛的讨论，无论这两个思路引向何处，问题的关键还是在于，一要有空间，二要有资金，才能逐步解决农民工的住房保障问题。

　　农民工保障性住房的空间，目前来看，通过城市更新获得是最优的途径。一方面是更新城中村，既可以医治原有城市的痼疾，也可以开辟新的城市空间；另一方面是更新城郊村，如果操作得当的话，可以获得城市更新与新农村建设相互促进的良好成效。

　　再看资金面的运作，陶然教授设计的框架，就是基于未来中国的城市土地与住房制度改革，借鉴国际上的"增值溢价捕获"（Land Value Capture）的理论和实践，来实现土地与房地产开发过程中的有效"公私协作"（Public Private

Partnership），利用自我筹资（Self-Financed）的土地政策工具来解决资金面缺乏的问题[1]。这一模式在新型城镇化规划出台之前还只是理论探索，而目前由于新型城镇化规划的支撑，这一模式完全具备了可操作性。在城中村和城郊村的更新中，规划参与方是多赢的。政府投资基础设施和公共设施，促使土地价值提升，所以政府有立场收回一部分土地用于拍卖以补偿投资款；村民获得土地增值的好处，利用规划调整容积率等方式扩大建房的权利，村民新建的房屋除自用外的新增面积可以纳入保障房的用途，这部分多出来的房屋可以通过各种交易限制，保证一定年限内房屋的保障房属性。

这种保障模式的创新性，目前在城乡规划的配套制度设计上还存在空白。政策性的利好得通过规划的编制和实施才能真正实现。目前的城乡规划体系还不能完全配合这一政策性的利好，主要问题有以下几点。

（1）城乡规划未能全覆盖

需要更新的城中村、城郊村往往不在中心城区，所以更新项目总是处于城市总体规划的空白处，这也是传统城市规划的弊病。如果不能实现全域规划，那么这些更新项目的选址、规模、分期实施的计划都无法确定。尤其是选址问题，更新项目应与城市增长边界的划定结合考虑，应方便村民生产，同时还要满足农民工保障房的区位条件要求。由于更新项目涉及的土地性质、权属复杂，更应在全域规划的基础上结合土地利用总体规划统筹考虑，这样才能将更新项目的选址、规模和形态做到最优化。农民工保障房的建设是一项系统工程，并不是说提供居住空间就得解决问题，此类更新项目还应充分考虑公共服务设施配套和交通出行等多方面的问题，才能真正做到推进农民工市民化的进程。基于城乡空间的总体考虑，此类更新项目才会有概括的发展前景。

（2）地方政府的自由裁量权过大

由于更新项目的操作是完全创新的途径，地方政府须和原土地权利人进行充分谈判，在分享收益的前提下实现上述用地结构调整，所以很大概率上是谈

---

1 陶然. 论"城中村"与"城郊村"集体建设用地入市新模式［J］. 东方早报，2012，7，29：D12.

到什么程度就按什么程度实施。谈判的结果如果突破容积率和开发强度的控制要求，城乡规划主管部门为了缓和社会矛盾，也不得不默许谈判的结果。在利益谈判中，地方政府的自由裁量权过大，尤其是此类更新项目，是以"公私合营"的方式为农民工提供住房保障，政府抽取用地的比例和返还农民的比例往往难以达成一致，所以很容易突破规划的底线，政府承诺更高的开发强度以获得谈判成功。所以只有通过提前确定规划条件的方法，才能限制地方政府的自由裁量权。城乡统筹规划的各项要求应该是更新项目的谈判底线。

（3）城乡规划的公众参与设计滞后

在陶然教授城郊土地制度改革基础上的城乡规划创新，注定是协商式的规划路径而不是固守蓝图式的规划。目前告知式的公众参与模式无法支撑这一类型的更新项目，此类项目参与主体复杂，开发主体多元，规划参与方涉及地方政府、农民工、原住村民、区域租住的城市贫民、新购商品房的市民等多方利益群体。如果没有充分的利益协商，那么此类规划还是落入表面成功实质失败的窠臼。目前中国的城市更新不可谓不多，但是大多是割肉补疮类的操作方法，是利用资本运作将原有住民驱赶到城市更偏僻的角落而已，并不考虑社会生态的发展机制。如果想要真正满足更新区域内各方群体的利益，就得引入全民规划的模式全面更新现有城乡规划的公众参与机制。

根据以上分析可以看出，"增值溢价捕获"的理论在实践中的瓶颈是城乡规划的有效组织。为了有效释放城市近郊土地政策的利好，应从统筹城乡发展的角度出台城市更新的办法。目前《深圳市城市更新办法》有了实质性突破，主要的做法是基于城市更新单元规划加快城市更新的进程，具有很强的借鉴意义。

深圳市的具体做法是用政府"一揽子"确权的方式一次性解决历史遗留问题。按照深圳市规划土地行政主管部门的要求，对于城市更新涉及的历史用地，明确采取"房地分离、确定权益"的处置方式，违法建筑等由原农村集体经济组织继受单位——现集体股份公司自行拆除、清理，土地在政府与继受单位（原村集体）间分配。其中，政府将处置土地的80%交由继受单位进行城市更新，其余20%纳入政府土地储备。此外，在交由继受单位进行城市更新的土地中，仍按城市更新的一般要求，将这80%部分的土地再拿出15%的土地无偿移交给政府。前述储备土地优先用于建设城市基础设施、公共服务设施、城市公共利益项目等。政府至少直接拿地32%。同时，继受单位应与政府签订完善处置土地征（转）用手续的协议，政府不再另行支付补偿费用。根据《关于加强和改进城市更新实施工作的暂行措施》，这些更新必须具备三个条件：首先要符合城市更新单元的规划；其次要属于未签订征（转）地协议或已签订征（转）地协议但未进行补偿的用地；再次就是用地手续不完善，用地行为发生在2007年6月30日之前。

关于城市更新的系列政策出台之后，深圳市城市更新的速度明显加快了，比如龙岗区坂田街道新围仔村更新项目，地块面积约为5.5hm^2，实际可建设面积为4.5hm^2，规划开发强度较高，住宅开发量做到了20万m^2，其中含1.1万m^{2}的保障房。除了住宅、商业开发以外，地块还规划了新型产业用地，这是一个比较典型的城中村改造项目，不但提供了大量就业岗位，同时也安排了充足的保障性用房，多方面兼顾了规划参与者的利益分配（图49）。

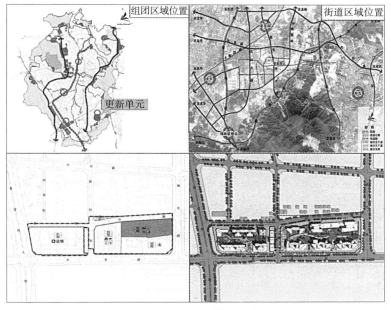

图49 深圳龙岗区坂田街道新围仔村更新项目

图片来源：深圳市规划和国土资源委员会龙岗管理局

深圳市的更新做法就是"一锤子买卖",无论权属多复杂,明确将原农村集体经济组织继受单位作为唯一的土地确权主体;没有讨价还价的余地,用地基本就是3/7分成而且必须符合规划条件。但是深圳的做法有一定的特殊性,首先深圳理论上是没有集体建设用地的,1992年原特区内统征过一轮,再加上2004年原特区外城市化转地之后,深圳早已名义上将所有土地收归国有。现有农村集体占据大量资源是历史遗留问题,所以出台这样的更新政策是为了一次性的甩掉历史包袱,别的城市农村集体占据土地将会长期存在,用这种"一锤子买卖"的方式来谈判在中国大多数地区的现实中是不可行的,深圳的模式具有借鉴意义但是短期内难以在全中国范围内推广。

从长远看比较可行的更新路径应分若干阶段完成,首先应完成全域规划,即完成城乡总体规划全覆盖的规划编制工作;在此基础之上确定城市更新区域的区位和规模,确定城市更新规划方案;根据更新区域内的土地性质和产权归属制定具体的利益分配方案,交由社区进入基层民主的讨论流程,最后根据多边、多轮谈判,确定更新区域的未来走向。这样分阶段完成更新区域的规划,才有可能达到规划的多重目的。

5.4.2 充分发挥农村场所的社会作用

集市是农村重要的社会场所,现以集市为例说明场所营建对于农村社会发展的重要性。

集市是考察农民和国家关系的重要媒介,也是统筹城乡发展中的重要角色。正如美国人类学家施坚雅(Skinner)所言,集市是承上启下的枢纽,用来考察农民与社会的互动和村落与国家的衔接。

新中国成立之后农村集市兴衰基本反映出了国家和农民的博弈关系,由于政策性的原因,新中国的农村集市贸易大体经过"三起三落"的几个历史时期,直到20世纪80年代初才逐渐走上正轨。对这段历史,钟兴永等学者进行过宏观叙事角度的描述。对于新中国农村集市的兴衰,黄宗智从"国家权力与市场"的角度进行了分析,认为新生的国家政权,由于理论上的原因,藐视农村小买卖和小农家庭的"小商品生产"。在传统的农耕社会，中国农村的集市简直就是自然现象，所谓皇权不下县，就是说县级以下基本是靠乡村自治，中央政府根本干涉不到集市的运行，直到新中国成立后政府的行政力向下延伸，行政力想方设法控制农村的生产和交易活动：管控放松，农村市场经济"过于繁荣"，与政治路线不符；管控过严，农村集市干脆转入地下。几收几放起起伏伏，改革开放前30年中国农村集市基本就是这样。

对于改革开放后30年的农村集市发展，有学者总结为：国家借助市场空间对乡村社会的绝对控制让位于国家整合与市场社区自我整合的双向耦合。此时的集市社会，不再是国家权力独大的局面，而是呈现出"国家在场"背景下多种权力交叠的画面[1]。集市这种形态并没有在城镇化中彻底消失，也不是所有的集市都一定变为集镇、小城镇，反而很多地区城镇化高速发展的同时集市集期非常稳定，这是因为乡约民风的强大约束力，集市已经是乡土社会的文化基因；另有学者担忧目前中国的集市有"内卷化"的趋势，实际上是局部地区城镇化失败的结果[2]，但是从国际上的经验来看，集市和城镇化并不矛盾，集市本身也有上升和提质的过程。从城乡规划的角度出发，对中国农村的集市有三个趋势性的判断。

首先，集市将长期存在。虽然集市是初级市场，但是这种初级市场的功能高度复合。应将集市（fair）作为农村社会的公共活动中心看待而不仅仅将其视为一个市场（market）。集市从来都是农村地区重要的生活舞台，也是农民展开生活画卷的地方；不但是商品交易的地方，也是传承民间手艺、弘扬乡土文化的场所。即使是在高度城镇化的日本，农村的集市活动也非常繁荣，山口县由地方农协组织集市、举办演出、开展募捐、交流物资、贩卖鲜活农产品，这样的民间活动是富有活力的。山口县的集市活动内容丰富，是当地农民重要的活动场所，并没有发生如日本学者加藤繁所认为的"用不到再议论的"——定期集市会随着运输通信、批发零售的发达而衰微下去——这种事情。

1 吴晓燕. 农民、市场与国家：基于集市功能变迁的考察 [J] 理论与改革, 2011, 3: 16-19.
2 奂平清. 华北乡村集市变迁与社会结构转型 [D] 中国人民大学博士学位论文. 2005.

图 50　日本山口县的乡村集市

图片来源：作者自摄

其次，中国农村集市正在向双向市场发展，而不仅仅是工业产品单向倾销的渠道，比如杭州地区，自古以来都是"珍异所聚""商贾并辏"的所在，《杭州市城乡商业网点发展导向性规划纲要（2011～2020年）》明确指出了，杭州市域的乡村商业又进入了一个发展繁荣期，这是统筹城乡发展的成果，同时规划也提出了具体的目标，就是到2020年，每个行政村都设置一处"双向中心"，这是对原有乡村代销点、供销社和小型连锁超市的整合，目的是为了实现工商产品和农副产品双向流通。

再次，农村商业网点建设和集市发展不能相互替代。目前中国各地在统筹城乡发展中普遍偏重商业网点建设而轻视集市的发展，这是农村发展认识上的一个偏差。以连锁店、超市为主要脉络的农村商业网点不能承载丰富的农村社会生活，也不能提供购物以外的公共服务职能，更不能起到双向市场的作用。和商业网点比较，集市更能够发挥农村社会关系网的作用，集市与其说是商业现象不如说是社会现象。当然农村商业网点作为基本公共服务均等化的硬件设施，也是需要向农村腹地延伸的，但是要注意这些网点不能为农村生活提供场所。

地方政府应通过城乡统筹规划充分发挥集市的社会作用，规划的关键是要掌握区域集市的一般性的规律。关于集市的一般性规律的探讨往往是落在结构和层次方面，施坚雅（G. William Skinner）运用克里斯塔勒的中心地理论研究中国的乡村集市，认为中国的基层墟市、大市集、市镇是一个层级性的整体，基层墟市（集市）围绕中心市场按照等六边形结构排列。他的这一学说影响很大，中国的学者在分析农村集市的结构时，几乎没有超出他的理论分析体系[1]。这种观点完全是将集市作为市场（Market）对待，而不是场所（Loci）。包括费孝通先生的小城镇理论也不能完全解释为什么集市在工业化城镇化后期仍然具有强大生命力。而从城乡规划的角度分析，是因为部分集市已经完成了"场所"的转化，具有特定的意义，能够脱离市场经济而单独表现抽象的一般性秩序。

也就是说，能够在城镇化过程中存活下来的集市，其功能必定已经超越了商品交易这一层面，因为集市的商品组织能力远逊于连锁式的现代商业形态；集市的参与者也不是完全依靠集市生活，而是为了进一步提高生活质量。所以在中国目前的阶段，还在讨论集市市场功能、区域层次和结构的话并无实际意义，不如转而探讨如何发挥集市的社会功能。以集市的存在推而广之，存在的向度并非取决于社会经济的条件，虽然这些条件可能助长或妨碍某些结构的实现，社会经济条件就像一个画框一样，提供一个固定的空间使得生活得以发展，不过并未决定其存在的意义，存在的意义有深奥的根源，这一命题是海德格充分分析过的。诺伯舒兹进一步说明了场所存在的意义：场所是人类定居的具体表达，而其自我的认同在于对场所的归属感。

规划与设计本应是密不可分的统一整体，而在目前的城乡统筹规划实践中，"规划"的内容偏多而"设计"的内容较少，规划对于乡村精神层面的关注度不够，规划成果不能很好的指导场所的营建。在听取台湾同行乡村设计实践的成就时，有人认为那是因为台湾社会经济整体比较发达，那样的"在地规划"只有在台湾才能完成，很难将那样的规划设计流程用于大陆。而实际上"开放设

---

1 马永辉. 新中国农村集市贸易史研究综述 [J]. 党史研究与教学，2004，6：72-77.

计"、"互为主体"的设计观念在四川、西藏等地都已有成功的实践。施工者、使用者皆可参与进来，不论是对场所的想象，还是生活、文化、环境、信仰等等都有机会展现。

西藏地区的牧民，在设计师的指导下自己完成生活场所的营建，地方政府用以工代赈的方式让族人集体参与社区的营建劳作，一方面解决生计问题，另一方面是牧民通过自己的劳动增强了"定居点"的概念，透过集体的劳作来重新凝聚部落意识。场所的营建对农村社会整体的发展具有重要的推动作用（图51）。

图 51   西藏当雄县纳木湖乡牧民定居场所营建

图片来源：第三建筑工作室

5.4.3   加强城乡联系网络的建设

近年来珠三角地区的城乡绿道网络的建设实践获得了良好的成效，通过城乡绿道网络的链接，城乡的空间联系更加紧密和有机。近期部分城市又进一步拓展了城乡绿道网络的规划思路，规划利用绿道将主要的城乡活动场所贯穿起来，利用绿道网络的建设展现丰富的城乡生活画卷。这样绿道网络联系的不仅仅是一个个地理区位，而是丰富的城乡人文生活线索。

赣州地方政府发现，自上而下的统筹发展方式效果未必比自下而上的方式要好，储潭镇的"兼业农户"提出了另外一种发展思路，即农业生产与城市短途旅游相结合的模式，这种发展模式对于乡村景观的冲击最小，可以最大程度发挥赣南地区生态本底资源的优势，农户兼业，在务农的同时从事旅游接待，这就出现了目前储潭乡镇税收很少，但是市场很大，农户收入提高较快的情形。

政府在理解这种发展模式之后，大力举办各种旅游文化节日，吸引城市客流在储潭各地消费。农户兼业并得到了当地政府的大力支持，是储潭镇及周边地区新的乡村环境行为模式（图52）。这些星罗棋布的农业观光点，既是当地农户的财源，也是乡村生态环境保护较好的区域。

图52　赣州市储潭镇及周边地区农业旅游观光布局图

图片来源：《赣州特大城市城乡总体规划（2011～2030年）》

《赣州特大城市城乡总体规划（2011～2030年）》是以城乡统筹发展理念为指导的区域中心城市发展战略，是中央苏区振兴规划的有机组成部分。规划中依据赣州的现实条件，提出了一系列的城乡统筹发展思路。规划在设置城乡绿道网络时，充分考虑到了农业旅游观光的组织，依托城市绿楔，联系城市生态斑块；串联城市郊野公园，加强城市水系与绿地系统之间的联系；以区域绿道网系统建设为重点，形成完整的城市绿地与开放空间系统。

其中开辟郊野公园和建设区域绿道网是即将推行的近期建设规划，这些郊野公园位于赣州城市边缘地带的远近郊区，具有山体、水体、林地、湿地等良好的自然生态环境和自然风景资源，主要由通天岩景区、马祖岩文化生态公园、杨仙岭风景名胜区、峰山森林公园、南山森林公园、现代高新农业体验区等多处城市近郊历史、人文特色区域围合而成。

区域绿道网络将这些郊野公园串联起来，绿道网络以生态型为主。主要串联储潭城乡统筹示范区、无公害生态农业基地、马祖岩文化生态公园、五龙客家风情园、杨仙岭风景名胜区。绿道的规划目的是以赣县自然生态环境为基础，以生态旅游为主题拉动城乡统筹发展。绿道网络还将串联赣县目前举办的各种旅游活动（图53）。

值得一提的是，城乡空间的协调重点在于城乡接合部，这一类型的空间形态复杂，功能交错，负面的空间形态与消极的环境行为相互滋长。利用绿楔作为城乡空间的缓冲地带，有助于建立和谐的城乡空间关系。赣南地区的生态本底条件良好，气候温润，城乡绿楔只需稍加梳理即可成形。规划通过对现有生态资源的整合，储潭镇周边可以形成三片绿楔和两条生态廊道。利用绿楔作为城乡空间的交接界面，不仅具有建立生态型城乡关系的意义，同时也有利于梳理城乡接合部空间，整治社会面貌，消除城乡发展中的各种矛盾问题。

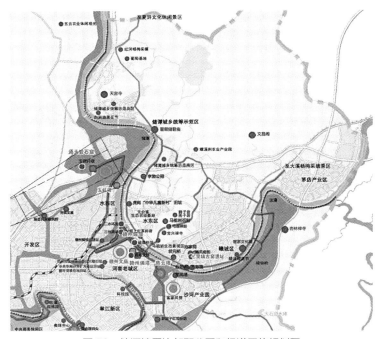

图53　储潭镇周边郊野公园和绿道网络规划图

图片来源：《赣州特大城市城乡总体规划（2011～2030年）》

城乡绿道联系网络的规划不同于历史上各种闪现的规划风潮，应作为推进中国城镇化进程的长期持久的规划方法，不应将其作为某种阶段性的美化运动对待。美国的区域绿道建设已经走过了60多年的发展历程，刘易斯教授（Philip H. Lewis）是这一规划领域的开创者，他把绿道的实践与研究又推进到一个面向美国西北区域未来百年都市人居空间格局发展的广阔领域[1]。刘滨谊教授也认为绿道功能的复合化是未来的趋势，对于城镇化的空间形态优化将会发挥重要的作用。城乡绿道网络的规划应该作为城乡统筹规划的一个重要专题进行充分研究，其中最关键的要求就是规划的延续性，也就是要确立将城乡绿道网络作为公共产品开发的机制。

5.4.4　关注城乡接合部社区的演替

以人为核心的新型城镇化发展，不再仅仅是提供一份工作，以往人口的移动是为了解决就业，现在已经转向为安置他们的家庭。"城镇化不城镇化，关键看家庭"（李晓江语）。从宏观方面说，为了破解目前的"两兼滞留"难题，中国应从全民保障入手，建设覆盖全民的社会保障体系，这样家庭就不需要通过家庭成员的人力资本分散投资形成家庭内部的收入共享、风险共担机制，来化解转型时期存在的社会风险和市场风险。还有，传统城镇化造成中国经济集聚的程度提高，但是生产力要素的集聚却远远滞后，结果就是地区间收入差距过大。而新型城镇化强调城乡间和地区间在人均收入和生活质量意义上的平衡，是需要通过统筹城乡发展实现的，也就是要促进生产力要素（特别是劳动力）在城乡间更充分的流动。

一方面是加强国家保障，另一方面是促进生产力要素的流动，这两个宏观面的趋向都指向同一个问题，那就是城乡社区的建设。国家保障正从单位保障转型为社区保障，"两兼滞留"的分离家庭正在城乡之间选择落脚之处，城乡社区作为社会容器，既是国家保障的依托，又是城乡居民的邻里单元。所以目前

---

1 刘滨谊. 城乡绿道的演进及其在城镇绿化中的关键作用［J］. 风景园林，2012，6：62-65.

以家庭为规划的基本单位推进城乡社区建设恰逢其时。

中西社会结构差异巨大，将西方社区的治理手段照搬到中国社会实不可取。郑杭生教授认为中国社区应采取分类治理的方法，大体可以分为城市社区、农村社区、城中村社区、城乡接合部社区这四种基本类型，进一步分析的话，城市社区可分为传统式街坊社区（老居民区社区）、单一式单位社区（单位型社区）、演替式边缘社区（村居混杂社区）、新型住宅小区社区等不同类型。农村社区可分为一村一社区、一村多社区（自然村）等不同类型[1]。城乡统筹规划应特别关注演替式边缘社区的动态发展。

（1）城乡接合部社区双向演替的趋势

城乡一体化具有双向的维度，厉以宁教授提出的城乡双向流动的可能性目前在一些地区已经成为现实。双向城乡一体化的障碍存在于农村产权制度、土地承包制度、农民就业环境和农民社会保障缺失等多方面，但是这些障碍正在逐渐消解。厉以宁教授认为城乡一体化分两个阶段。第一个阶段是单向的，就是农村人口向城市迁移；而发达国家的城乡一体化都是双向的，即：农村人向城市迁移的同时，城市人可以自愿到农村去生活、居住，也可以带着资本下乡、技术下乡，让农村居民以土地入股，走工农经营的道路。所以目前城乡接合部的社区具有双向演替的趋势，既有可能成为城市社区，也有可能进行新农村社区升级，同时也可能长期处于混合状态。城乡统筹规划并无必要刻意引导城乡接合部社区的演替，社会发展到什么阶段就会出现对应的社区形态。规划的主要任务是为社区提供完善的发展环境，所谓完善的发展环境就是充分利用现有的城市设施，为这些社区家庭提供优质的公共服务。

（2）优化外围社区与城市中心区域的关系

公共交通是支撑外围社区发展的关键条件，研究认为这些城乡接合部的社区发展高度依赖于公共交通的发展，公交网络的完善使得城市和外围社区的关系更为紧凑和有机。人们可以从日本富山市的案例中得到一些启发。富山市是

---

1 郑杭生，黄家亮. 当前我国社会管理和社区治理的新趋势［J］. 甘肃社会科学，2012，6.

一个人口40万左右的小城市，面临城市中心和外围社区衰退的威胁。为了提振社区发展，地方政府的主要做法就是大力发展公交网络系统，将城市中心和边缘社区紧密联系起来，通过将公共设施（商业、金融、文化、医疗、教育等）集中布置在公交网络节点的方法，使得城市结构更加紧凑。近年来富山市的城市格局发生了明显的变化，国土交通省认为这是一个优秀的案例，并认为部分社区受益于公交网络的完善获得了较快的发展（图54）。

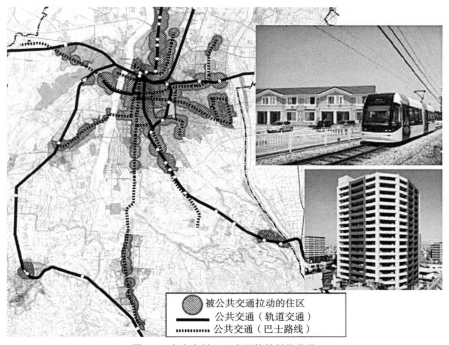

被公共交通拉动的住区
公共交通（轨道交通）
公共交通（巴士路线）

图 54　富山市基于公交网络的结构优化

图片来源：日本国土交通省 Tetsu Kabashima 提供

对于城市社区的更新和发展，日本国土交通省也采取了一些措施。主要的思路是"盘活存量"，一方面重新发现城市中心区的价值，另一方面依托公共交通节点构建城市外围的服务中心，目的还是为了改善城市中心和外围社区的关系。

图 55　日本地方城市振兴计划

资料来源: 日本国土交通省 Tetsu Kabashima 提供

"盘活存量"的方法有很多，主要的思想是要为不同年龄结构的社区家庭提供公共服务，城市中心区域的重振对于周边社区是具有很大拉动作用的（图55）。

（3）重视城市外围TOD节点的规划设计

从之前的分析可以看出，日本部分城市外围社区的发展实际上还是使用了以TOD为导向的基本方法。利用TOD统筹城乡社区发展的方法在中国部分地区已有实践，关于TOD的总体开发流程本研究不再赘述，本研究非常关注TOD节点本身的规划设计的优化对于外围社区发展的影响。

由于中国规划体制的原因，城市轨道交通线网的设计往往与城乡规划相脱节，尤其是在站点设计方面，城市规划失于掌控，站点设计一般只能满足交通功能的需求而未能起到带动周边社区发展的作用。近年来中国城市轨道交通发展迅猛，部分城市已经意识到站点的综合设计对于带动城乡社区发展的重要性。比如成都的地铁二号线龙泉东站，就是一个TOD综合开发的典型案例（图56）。龙泉驿位于成都的二圈层，目前已经基本进入城乡一体化的发展阶段，地铁二号线的建设，直接拉动了成都三圈层的统筹城乡发展，地铁龙泉东站对于带动第三圈层的发展将发挥重要作用。规划认为龙泉东站周边的社区将会是高度混合的：一方面会纾解中心城区的人口；另一方面由于二圈层处于外围地带，生活成本较低，又会吸引三圈层的农民来此落户。所以在控规层面对这个站点

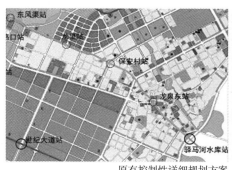 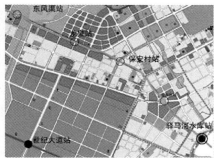

原有控制性详细规划方案　　　　　　　　　调整后控制性详细规划方案

图 56　龙泉东站基于 TOD 导向的规划调整

图片来源：成都市规划管理局

周边的用地布局进行了调整，主要的目的是形成高效、活力、综合的TOD节点，满足外围社区居民公共服务的需求，提供充足的就业岗位。

由于规划体制性的原因，城乡接合部游离于规划法规的约束，徘徊在主流社会之外。城乡统筹规划希望通过空间规划的全覆盖，建立最大范围内的编户齐民，将国家力量推广到社会的每一个角落，实现对城乡社会的组织化管理，社区规划和社区治理应实现城乡一体化。城乡接合部社区的演替，也是统筹城乡发展中矛盾最突出的环节，这些社区的融合和发展，要有国家在场。

5.5　乡土文化的传承与规划

5.5.1　探索精神的物化

任何围绕文化的讨论似乎都应从泰勒（E.B.Tylor）对文化的定义开始：文化或者文明，就其广泛的民族学意义而言，乃是这样一个复杂整体，它包括知识、信仰、艺术、道德、法律、风俗，以及所有其他作为社会一员的人习得的能力和习惯。

对于这样一个宽泛的文化定义，规划师显然无所适从，由于城市规划学科的特性，人们自然会去寻求更具有操作性的解释。克利福德·格尔茨（Clifford Geertz）提供的解释显然更具吸引力，他认为文化是一个象征系统，是由象征有机地结合而形成的意义体系："我主张的文化概念……本质上是符号性的（semiotic）。和马克斯·韦伯一样，我认为人是一种悬挂在由他自己织成的意义之网中的动物，而我所谓的文化就是这些意义之网。"

格尔茨的这些话应视为卡西尔的文化哲学思考的延伸。卡西尔早已把人定义为符号的动物，因为人不可能直接地面对实在，而是生活在一个符号的世界里面。所以卡西尔认为应从法律和法令、宪章和法案、社会制度和政治机构、宗教习俗和仪式中寻找共同的精神，这些材料不是僵化的事实而是活的形式。历史就是试图把所有这些零乱的东西，把过去的杂乱无章的枝梢末节熔合在一起，综合起来浇铸成新的样态。这些观点对于规划师来说应有启发，人们对待乡土文化的态度，应该是以历史的眼光探索精神的物化。所以对于中国的乡土文化应有两问，一是乡土文化的精神脉络是什么，二是乡土文化的物化载体在何处。

长久以来乡土就是中国社会的主要舞台，乡土文化本就是中国传统社会的主流文化脉络，这一文化脉络生生不息。罗马帝国覆亡之后就再无罗马，而唐室覆亡之后依然有中国，至于唐以后的历代声色远逊汉唐，那又是另外一回事，文化的脉络总之传了下来。这个脉络被钱穆先生总结为：德性一元的宇宙论，本论认为这一概括用于规划再恰当不过。中国思想始终把"人文本位"作为中心，在人文世界之实践中来体认物性，善导物性，所以说"赞天地之化育"，如此则"天人一致"，人文即在自然中，自然亦在人文中，这就是钱穆先生倡导的由道的观念来统一自然与人文界[1]。

再进一步观察中国文化里的人与自然，可以发现中国文化最大的特色，就是能观照在人和世界中生命的全面。古代的三大哲学传统，儒、道、墨三家，可说都是致力于人和自然的合一[2]。方东美先生曾总结过中国文化里人和自然的关系：自然，对于我们而言，是广大悉备、生成变化的境域。在时间中，无一刻不在发育创造；在空间内，无一处不是交彻互融的。所以方先生讲中国哲学

---

1 钱穆. 文化学大义［M］. 北京：九州出版社，2011：88.
2 方东美. 从比较哲学旷观中国文化里的人与自然. 1960.

的一贯精神在于"把宇宙与人生打成一气来看",就是要吸取生生不已的造化力量,作为精神活动的基础;或者是说,要以个人小我的努力,参赞化育,安顿人间。

由此可见中国的乡土文化,总的精神脉络就是天人合德[1],在这样一个总的脉络贯穿之下,进可修齐治平,退可诗酒田园。人们应从历史的长河中寻求这一线索,而仅在当今中国的农村查找乡土文化自然会徒劳无所得。对这一精神的物化的考察也不仅限于历史文化名城、名镇、名村,而应全面理解以中国的智慧对待自然的方式。

比如赣州,自唐宋以降,赣州一直是中原地区和岭南地区的交通要道,历代的人口迁徙路线也经过赣州聚散,因此赣州是客家文化的发源地(图57)。"三山绕三水,三龙汇三潭"体现了赣州朴素的人与自然和谐发展的理念。储潭镇在历史上一直被认为是居于至关重要穴位的风水宝地,所以当地村民对于此处的山水格局格外爱惜。

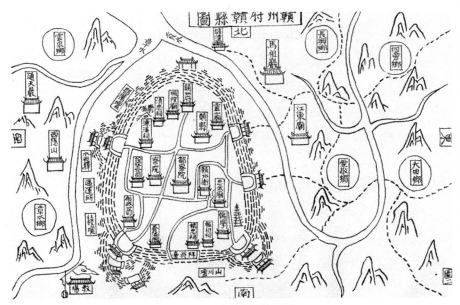

图 57　明嘉靖年间赣县图

图片来源:赣州历史文化名城保护规划

---

1 出自方东美《中国哲学精神及其发展导论》:"人天一贯,澈通不隔,是谓'天人合德'。"

客家文化中的建筑形态多依山而建，与地理环境协调和谐。从整个村落来看，基于客家人传统的聚族而居的文化传承，保留了很多完整的古村落群。这些村落的选址与自然环境有着密切的联系，多与水系相邻，并与群山呼应，形成依山傍水的基本村落形态。这些村落群具有较强的凝聚力，在历史上缓慢生长，从古至今在形态上基本保持原样。从全中国范围内看，客家传统古村落是保留最多、形态最完整的。

赣县境内有多处宋代拓基的客家村落，储潭镇周边有田村、杨梅村、白鹭村等。这些古村落的存在，对城镇化中的乡村建设有很强的示范作用，现有乡村建筑的形制基本依据了自宋以来的客家传统，在一些具有特殊意义的乡村空间，如氏族宗祠周边，目前的建设活动依旧非常谨慎。客家传统古村落对目前中国的乡村建设具有参照作用。以赣州为代表的赣南地区的古城，在自然环境承载力和景观条件等方面确实非常优越，处处体现出中国传统哲学对天、地、人、事、物、关系的深厚认知。

根据上面的阐述可以得知，中国乡土文化强调天地并生，与万物为一。至于乡土精神的物化，强调的则是我之与人，人之与物，一体俱化。我、人、物三者，在思想、情分及行为上都可以成就相似的价值尊严[1]。规划师通过研究乡土文化，捕捉人的思想和行为踪迹，追求的精神实质就是弥纶天地之道，探索的具体目就是乡土文化的持续创造性。

5.5.2　离土中国的文化发展

"正因为今天的中国人，对文化问题没有一个较完整明晰的认识，旧的随便拆，新的随便盖，一砖一瓦地收集，一墙一壁地建造，没有一个大图样，没有一个总方案，没有一个笼罩全局逐步兴修的大计划，因此一切精力，全零星地浪费了[2]。"对于中国文化的整体性描述实际上从新文化运动到当今一直在摇摆，对乡土文化的认知更是依傍不定，目前的讨论竟然在于中国的乡土文化究竟是

1 方东美. 从比较哲学旷观中国文化里的人与自然. 1960.
2 孙庆忠. 离土中国与乡村文化的处境［J］. 江海学刊，2009，4：136-141.

死是生。悲观的论调不赘，本研究认为当前中国的乡土文化正在处于转型发展的过程中，而并非简单用"困境"两字可以蔽之。有学者坚信："城市对现代性的垄断和农村的虚空化"并没有摧毁以往的乡土传统，把农民"从经济到文化到意识形态上所有的价值"连根拔走。事实上，乡村在按照自身的逻辑延续着，乡土文化在不断转换形式的过程中也在发明着传统[1]。这一认识是积极的，乡土文化在当今恰逢一个离土的时代，事物的发展变化都在加快，社会整体文化氛围又趋向宽松多元，人们获得了一个时间窗口又有了一次重构的机会。但是从城镇化的角度出发，中国乡土文化成功转型甚至重构需要具备两个前提条件。

（1）制止传统城镇化对于乡土文化的异化

叶裕民教授曾经指出，传统城镇化就像是一把巨大的筛子，将健康、年轻、财富等所有好的方面留在城市，而把疾病、老龄、贫困等所有阴暗的部分留给农村。这就是城乡社会分离发展的必然结果，传统城镇化造成的社会思潮对乡土文化的破坏也基本类似于这样的机制，对乡土文化样本筛选的标尺就是所谓市场表现，如果文化可以迅速变现，那么自然会有商业集团攀附，如果没有商业价值，就会被打上"愚、贫、弱、私"的印记弃之如敝屣。所以传统城镇化对乡土文化的破坏在于将文化异化，一方面是过度包装和追捧，另一方面是救助式的破坏。

当研究四川的样本时，一个很遗憾的现实在于，异化的文化两端都在同质化，一方面被过度包装的所谓古镇古街面孔日益接近；另一方面最贫穷的村镇由于政府的新农村建设也出现了同质化的趋向；那些原有的散布的聚落被消灭，因为这些聚落早已被潮流认为是落后的不合时宜的所以被判拆除。反而是处于中间形态的一些文化样本被保留了下来，比如林盘。林盘恰如其名，真是一碰即碎，任何想要合并、迁建林盘的计划都失败了。林盘与成都平原的生产生活方式密不可分，转型搞旅游开发，太分散不好组织；合并搞新农村居民点，得不偿失阻力巨大；所以现在还能将林盘作为成都平原乡土文化的基因（图58）。

1 孙庆忠. 离土中国与乡村文化的处境［J］. 江海学刊，2009，4：136-141.

图 58　都江堰的新林盘（2011）

图片来源：中原网记者王静喆　摄

可见制止对乡土文化的异化，是城乡统筹规划的一项重要任务。

（2）历史意见和时代意见应融会贯通

历史意见和时代意见共同构成了规划决策，本论中所谓历史意见，指的是某一文化样本形成之初，当时社会各界的反应和评价，这些意见应该是批判这一文化样本的基本凭据，因为当时当地的人们切实感受了这一文化样本，比较真实客观。时过境迁，后人失去了当时的情境再来评价这个样本，那只能是时代意见。当然时代意见也不一定不智慧，只不过人们不能仅凭时代的感受而去忖度历史的心思。既然说文化是人"习得的能力和习惯"，那么肯定是有贤能在历史上发表了充满智慧的时代意见，虽历久而弥新，传承到现在就成为了历史意见。人们现在发表时代意见，就应有长久之心，能够经受历史的检验。无论历史还是时代，智慧都有一道客观的水平线，如果时代的思考还未达到古人的水准，那么就不应盲动。所以说历史意见和时代意见不是一对矛盾，而应是融会贯通的文化脉络的组成部分，这两方面的智慧都应作为规划决策的依据（此处关于历史意见和时代意见的立论取材于钱穆先生对于中国制度的评价）。

之所以期待转型就是为了维护乡土文化的持续创造性，"文化在我们探询如何去理解它时随之消失，接着又会以我们从未想像过的方式重新出来了"。[1]所以中国的乡土文化不会凋零，而且将会在新型城镇化的进程中发挥巨大的作用，因为只有借力于中国的乡土文化，才有可能在多元的社会中做到和合共生。

5.5.3　和合共生的文化理念

与新型城镇化相契的未来的中国乡土文化的要义在于和合共生，在此基础之上才能营造城乡一体的文化新气象。和合共生是中国传统哲学的共同选择，中国哲学上一切思想观念都是在讲事理的相互持有、交融互摄，终成为旁通统贯的整体，所以只有和合共生的文化理念符合中国人的生命情调和美感。中国未来城乡一体的和谐文化景观，如光之相网，如水之浸润，相与洽而俱化，形成一在本质上彼此相因广大和谐的体系。

（1）和合共生的世界观和时空观

和合共生的乡土文化理念，实则早已嵌入国人的思维潜意识。首先从世界观来看，中国人早已达到了宇宙万物和人生志趣完美统一的境界。庄子谈论"圣人者原于天地之美而达万物之理"，说的就是这一道理。而中国人对时间的看法，是从生命之进程以言时间，思考阴阳之施化，万物之终始[2]，这也是《周易》的重要论题之一，即生化无已，行健不息。

人们也早已将空间视为意绪之化境，心情之灵府。所以老子说："道冲，而用之或不盈，渊兮似万物之宗。"人们从不认为空间是一种物质的界限，而认为是心意的寄托，这就是把人、世界、时空紧密的联系在了一起。虽然中国的往古文化遗迹早已随时间幻灭，但是内心的经历和认识却会长久相传。转载史宾格勒（Spengler）的一段话："文化者，乃心灵之全部表现，当其弥漫滋生，虽顷刻成墟，然其迹象常托于人类意态业力中，隐受规律、数量、因果之支配。"[3]所谓和合

1 马歇尔·萨林斯. 甜蜜的悲哀 [M]. 王铭铭，胡宗泽译. 上海：三联书店，2000：141.

2 方东美. 生命情调与美感. 1931.

3 O.Spengler. The Decline of The West，vol.I，180.

共生的文化理念，并不是刻意的发明，而是用前人的智慧烛照我们的心智。

（2）和合共生的社会意义

和合共生倡导的是文化共生，而文化共生是形态共生的前提条件。目前中国二元城乡形态正在激烈的碰撞中走向融合一体，其中矛盾冲突最剧烈的领域在于城市的增长边界。目前规划界正在为一些特大城市划定增长边界，这些边界有的是相对固定的，比如生态红线的边界，而有些边界是动态和变化的，比如城乡接合部正在演替中的社区。城乡社会的空间边缘在接触中发生了形态巨变，城乡规划对于这些形态变化从总体上来说失之把握，所以难以构成进退有据、气象万千的城乡文化景观。

这些城乡形态的问题背后都是文化在角力，资本、权力都是角力工具而已。各股文化的潮流相互缺乏认同，自说自话，没有机会坐下来好好谈一谈。目前城乡规划将生态文化作为文化碰撞的缓冲，无论有什么问题，生态为大。但是生态文化毕竟也只是整个社会文化体系中的一个脉络，并没有统摄中国城乡社会的能力。形态与文化互为表里，文化不兴，形态不和。将和合共生作为乡土文化的发展理念，可以在最大程度上统一人们的世界观和时空观，最大限度地形成社会合力，引领人们从多元、包容走向整体的社会和谐，推进城乡社会整体文明的进步。

（3）和合共生的文化秩序

文化模式是文化和规划之间的接合部，中国的乡土文化有脉络可循且各具面貌，文化模式就是说明这些文化的方法，美国人类学家鲁思·本尼迪克特（Ruth Benedict）认为文化是受某种模式支配并且通过社会整合作用构成的统一体。以规划为目的的文化研究，就是要通过文化模式的提炼概括，观察某种具有一致性的有意义的生活方式。规划是通过对文化模式的构形、体验，辨认他们的面貌，描绘未来的图景，其中最重要的规划方法是引导文化模式的总体秩序。

和合共生就是这些文化模式的总体秩序，中国乡土文化是一个大系统，有的部分是整合的，有的部分是对立的，还有的部分是独立的，和合共生并不是寻求完美模式的唯理主义倾向，而是为了相对合理地引导生活的感受和欲求。实际上并没有统一的标尺和准则去度量每一种文化模式，他们本来就形态各异，规划的本意也不是强迫这些文化模式排列组合，而是在有限的时空内充分发挥这些文化模式各自的合理性。

5.5.4 周遍含容的规划视角

城乡规划对于乡土文化传承和发展的意义不在于挽救，救是救不活的。规划的意义在于发挥乡土文化的持续创造力，让它自己重构，建立新的文化秩序。就规划方法而言，一是识别，二是引导，"我们正是据以编织人生之梦的资具"。

（1）文化模式的识别

对文化的机械切割实不可取，文化模式的识别也不能陷入功能主义的窠臼。本尼迪克特识别文化模式的方法对于规划方法的建立具有很强的启发，虽然这个方法会招致一些批评（比如有的评论说这个方法是将作为整体的文化碎片化），但是总体来说是简明有效的。原则上我们要考虑文化模式的时间性、地域性、循环解释、符号印证和层次分析。这实际上是一种文化解释的方法，规划师如果从这5个方面去刻画文化的特征，至少不会得出轻率的结论。

比如人们来看客家文化，就要深刻理解这一文化模式的时空特点。从历史上看，客家人南迁较晚，自然条件优越的地区已被其他民系占据，客家人只能在山区地带寻求发展，所以有"逢山必有客，逢客必有山"一说。章贡两江在赣州城下汇合成赣江向北流去，在河道上形成礁石密布、水流湍急的赣江十八滩。十八滩既是一条赣南与赣中的自然地理分界线，同时也是一条文化地理分界线，十八滩以下，属于赣文化分布区，而十八滩以上，则是客家文化分布区。自古以来，贡水右岸的储潭镇低丘缓坡地带是客家人主要的活动区域（图57）。

再进一步考察客家的语言、建筑、宗教，就可以不断地从整体到部分，再从部分到整体获得对客家文化的整体认知，基于客家文化的方方面面，加深对这样一个复杂文化构架的理解，这就是循环解释。对于审美、艺术、符号，还将会提炼出更为广泛的证据，通过符号印证客家文化的独特性和重要性。如果还需要细致入微地去做客家社区规划的话，就需要通过层次分析来看社会分化的程度，一个大的文化模式构架下还有更加细密复杂的图景。通过这五个方面的观察，基本上可以收集完整规划的文化限制性要素。

（2）路向态度的引导

规划往往重视"阶段性态度"而忽视"路向态度"，人们总是用"社会发展的不同阶段"来描述现象。梁漱溟评中西文化形态上的差异，说："若是同一路线而少走些路，那么，慢慢的走终究有一天赶得上；若是各自走到别的路线上去，别的方向上去，那么，无论走好久，也不会走到那西方人所达到的地点上去的。"所以沿着传统城市化的道路走，永远也无法获得新型城市化的结果。城乡规划对于乡土文化的引导最关键之处就是明确"路向态度"。比如成都的林盘文化，如果再沿着传统城市化的道路走，那么这些林盘就永远消失了。林盘这种文化现象也不是能用阶段性理论可以解释的，林盘就是林盘，就是林盘阶段，没有下一阶段（图58）。

新农村建设运动尤其重视"阶段性态度"而忽视"路向态度"，这场运动将新农村作为中国城镇化发展的一个必经阶段对待，这一路向在部分地区具有文化适宜性，但是并不一定适于所有文化模式。新农村规划应通过上述5个方面的观察，全面深入理解当地的文化模式，才有可能判断出合理的路向。

识别、引导，是具体的规划方法，在运用方法的同时，不应忽视方法论的存在。周遍含容应作为中国乡土文化规划观的概括。中国的乡土文化发展到现在，天人合德的核心不变，而环绕外围的文化内容越来越丰富，乡土文化正在转型、重构，继续发挥文化创造力，逐步发展为一个和合共生的架构，乡土文化未来的发展也是无限展开的。在当前的历史时期，城乡规划就应以周遍含容的态度面对文化局面，在理解的基础上促成城乡一体这一广大的和谐，这也是"知周乎万物，而道济天下，故不过"的精神要求。

5.6 统筹城乡思想市场的发展

5.6.1 思想市场主导城乡兴衰

无论是希腊的城邦还是中国传统的乡土，思想市场兴则兴，思想市场灭则灭。以中国的乡土社会来说，经济文化基础和思想市场长期安放在农村，城市工商资本始终没有成为主要的脉络。一辈士大夫知识分子，还可退到农村做一小地主，而农村文化，也因此小数量的经济集中而获得其营养[1]。当然中国历史上这样的思想市场形成也与经济制度的安排密切相关，如果中唐以后的社会还推行"按丁授田"的制度，那么就会迫使士子们逃离农村；两税制的改革一直能延续到清末，其中暗含的缘由是因为两税制能够滋养农村的思想市场，反过来思想市场又会支持两税制的延续，虽然这一制度鼓励土地兼并，失去了为民置产的精神，但是总体来说由于思想市场的力量，社会各阶层一天天地趋向平等，自宋以下就造成了一个平铺的社会[2]。

直至近代，中国思想市场的重心发生了转移，一批近代城市兴起。比如哈尔滨，这座城市在20世纪初成为远东地区最重要的思想市场，当时这座国际城市曾存在七十余座教堂，包括东正教、天主教、基督教、犹太教和伊斯兰教，足以证明其时人文荟萃。由于中东铁路的建设需要，中东铁路管理局为培养工程技术人员创办了哈尔滨中俄工业学校，自此哈尔滨在远东地区思想和学术方面的影响日盛。当时中国的新兴大都市，基本都是类似哈尔滨的景象：侨民云集，报馆林立，思想活跃，所以近代中国才有机会在这些年轻的城市获得马克思主义的启蒙。乡土中国的秩序在这个时期瓦解，乡绅集体逃跑，"他们中间，头等的跑到上海，次等的跑到汉口，三等的跑到长沙，四等的跑到县城"。客观上说，这一批能够在中国乡土社会发挥一定思想作用的人，基本上失去了生存土壤，近代起中国乡村开始没落。

最近的一次中国城乡思想市场共同的繁荣期是20世纪80年代，这一时期人们刚刚摆脱思想的钳制，城乡都沉浸在对美好生活的期许中。农村的思维是最先活跃起来的，因为现实的经济困难逼迫农民想办法找出路。思维活跃起来之后，农民迅速摆脱了苏联特色的集体经济，思想解放了，农村权利主体的边界就清晰了，土地、财产、资本的意识增强。在这一时期，国家权力开始向着另

---

1 钱穆. 中国历代政治得失 [M]. 北京：九州出版社，2012：67.
2 钱穆. 中国历代政治得失 [M]. 北京：九州出版社，2012：168.

一个方向发力：松动管制、放宽政策、承认农民更多的自由并给予保障[1]。这些思想方面的进步实际上是近期中国农村"还权赋能"改革的基石。

在20世纪80年代的城市里，正在进行关于改革与发展的大讨论，社会正在迅速接受西方思潮，文学艺术空前繁荣，规划界开始从更广阔的视角看待城市问题，推动了第三次中国城镇空间结构的转变。在这次转变中，深圳、珠海、大连、青岛等一批"明星城市"崛起，沿海地区的城市获得了大发展，更重要的是沿海城市的发展逐步形成了中国参与全球竞争的核心地区，在空间上形成了国际大都市连绵区的雏形[2]。中国城镇空间的外向型拓展，是80年代改革开放思想的直接反映，也是城市思想市场繁荣的结果。这次城镇结构的转变，跳出了"一五"时期重点项目布局的计划经济思维，消除了"三线"时期战备搬迁的影响，为今后20年的城镇化发展奠基。

时至今日，城乡二元的传统城镇化建设正转向为城乡一体的新型城镇化发展，新型城镇化发展的愿景是城乡一体化发展，但是在思想市场城乡二元疏离的局面下，政治体制和市场经济又如何能做到城乡一体呢。所以城乡一体化的前提条件是城乡思想市场的共同发展，这是交流思想、传播讯息、凝聚共识的基础，也是社会创新的必要条件。统筹城乡发展的第一要务就是要统筹城乡思想市场的发展。目前中国的城镇化发展进入转型期，城市和农村的思想市场同时处于复杂的环境，这也是中国历史上从未出现过的情况。

（1）城市的思想市场缺乏底线认同

城市思想领域交锋的主题无外乎"主义""文化"和"部门"这三类命题，在中国城市持续一百多年的思想交锋中，中西的较量似乎两败俱伤。用秦晖教授的话说是"西、儒皆灭，强权逻辑和犬儒逻辑的互补反而变本加厉了"。实则无关乎立场、派别和位置，都应有共同持守的底线。比如对于文化多元的态度，费孝通先生的表述是"各美其美，美人之美，美美与共，天下大同"，这一观点就是文化多元共存的共同底线。很可惜中国的600多个城市，只有很少的一部分

1 钱穆. 中国历代政治得失［M］. 北京：九州出版社，2012：71.
2 王凯. 50年来我国城镇空间结构的四次转变［J］. 城市规划，2006，1：85-91.

能以"和而不同、和合共生"的观念规划城市文化景观，所以大多数城市在急剧扩张的同时逐渐面相雷同，丢失了"自由优先于文化"的立场。中国城市思想市场如果想要进入下一阶段的繁荣期，就应将底线思维贯穿思想市场的运行中，尤其应将新型城镇化秉承的人本主义理念作为航标。

（2）农村的思想市场无根基

现今中国缺乏滋养农村思想市场的机制，20世纪80年代中国农村社会的活力随着"二兼滞留"的家庭增多开始消失。在迅速进近的社会中，国家保障滞后，农民家庭只有各自谋生才能降低系统风险。传统城镇化重视劳动力的非农化而轻视人的城镇化，重视人的空间流动而忽视人的社会流动，这些传统城镇化的宏观负效应对于农村思想市场的打击是巨大的，在农村家庭分离的现状下无法奢谈思想市场的发展。新型城镇化强调人的城镇化，推动人的经济属性与自然属性及社会属性合为一体，这就是要求重新稳固农村思想市场的根基——农村社区。

总体来说，中国的目标是建立起一个城乡一体的、信息交换流畅自如的、观点意见平等抒发的思想市场。对于城市来说，这个市场早已存在并且持续繁荣，目前中国的思想界正在慢慢建立这个市场的规则——共同的底线；对于农村来说，这个市场目前比较萧条，需要人们积极地去培育这个市场，终有一天这个市场里面的观念的水位会与城市的持平，为了达到这一目标，城乡规划应在农村思想市场的培育、维护和可持续发展这三方面有所作为。

5.6.2　平民教育的规划支撑

平民教育是开启民智、培育农村思想市场的基础工作，相当于起到市场培育的作用。晏阳初是中国平民教育的先行者和奠基人之一，他的平民教育的理论和方法至今仍有借鉴意义。晏阳初开展平民教育的阵地主要是在农村，先教识字，再实施生计、文艺、卫生和公民"四大教育"。他的理论实践首先在河北省正定县推行，培养知识力、生产力、强健力和团结力，以造就"新民"，并主张在农村实现政治、教育、经济、自卫、卫生和礼俗"六大整体建设"[1]。在同一时期还有蒋经国主导的赣南"新生活运动",基本上也是走农村社会教育、整体改造的路径。我国台湾地区20世纪70年代经济迅速起飞,重要的社会治理基础就是在农村发展方面积累了一定的经验。晏阳初提出的一些农村改革的建议,我们至今也在沿用,比如村干部直选等政治体制改革的试点。

对于城镇化背景下,关于平民教育如何突围的问题,研究界也进行了持续的探索。温铁军教授认为,新型城镇化强调的生态文明知识本身有别于工业文明。工业文明要求标准化和信息化,生态文明则需要多样化、在地化的教育系统。我们要将教育创新,特别是平民教育的创新作为重大战略调整的需求,重视平民教育和社区教育,重视知识在地化,多样化[2]。这也就是说,在农村基本公共服务均等化的内容中,除了义务教育之外,还应有更丰富的平民教育体系存在,用以支撑新型城镇化的生态文明发展。

职业教育是平民教育的重要方面,目前我国各省区对于职业教育的关注度在提高,农村的职业教育在加快发展,主要的方法是以县级职教中心为支撑,其他职业培训机构为补充,构建覆盖城乡空间的职业教育培训体系,积极开展农村实用技术培训和农村富余劳动力转移就业技能培训。比如四川省近年来在职业培训方面投入了年均专项资金3.6亿元,年均培训20万人。城乡规划在职业教育机构设施的选址、用地和规模方面都给予了支持和便利条件。职业教育是平民教育的一个方面,解决了基本的"生计"问题,但并不是农村平民教育的全盘解决方案。在目前的阶段,已经有条件推进城乡教育一体化的规划实践,但是显然将城市的全套教育体系移植到农村是不可行的,这是由城乡思想市场的差异性所决定的,提倡城乡思想市场统筹发展一并繁荣,但是并不是一味强调思想观念完全一致,所谓城乡一体的提法也并非城乡趋同,对于城乡思想市场来说,观念的水位齐平之后,水面之上自有百舸争流。

1 百度百科. 晏阳初平民教育 [EB/OL]. http://baike.baidu.com/link?url=jkTnphj-9vNOo4Yexa2NhWo8bhkd15NWd4JevthZo3dE_JgV-86b461_UI11yl2E

2 莫兰. 城镇化背景下平民教育如何突围 [J]. 中国妇女报, 2013-12-15.

为了面对在地化、多样化的平民教育趋势，地方政府应在全域城乡统筹规划的基础上建立城乡教育用地储备机制以应对未来的发展。从目前的规划实践来看，部分城市的中心城区已经建立了教育用地的储备机制，比如郑州，得益于郑州市政府完善了控规和联审联批会议机制，政府以"橙线"控制的形式把中小学校、医院等公益性公共设施优先规划。至2020年的中小学用地控制性规划中，共控制了市区450km²范围内的637块教育用地，其中保留现状学校268所，新增建设用地369片，面积由753hm²增加至1480hm²。[1]中心城区教育用地储备机制是建立在中心城区控规全覆盖的基础上的，如果没有全域城乡统筹规划的支撑，乡村教育空间资源的储备就难以落实。

根据"在地""多元"的要求，关于乡村教育空间的布局和利用规划应该是自下而上的，县、镇、村等基层规划中应充分反映地方需求，而以地级市为主要对象的全域城乡规划应及时采纳地方规划的诉求，并适时纳入全域城乡的空间架构中，根据可达性、城乡形态、空间增长等多要素及时进行空间引导，力求最高效地发挥城乡教育空间资源的影响力。2012年以来，成都市实施教育圈层融合战略，2012年的统计数据显示，成都市各县结成10对"一对一"教育联盟，480所义务教育学校参与结对，覆盖面达42%，2993名城市骨干教师与4546名农村学校教师结成师徒。成都市共组建义务教育阶段名校集团52个，带动125所成员学校发展，涵盖城乡学生23万，26所农村学校纳入中心城区名校托管[2]。成都的发展说明，城乡教育一体化已经有实质性的推进，建立城乡一体的教育用地储备机制迫在眉睫。人类的空间实践一再证明，发展只能在特定的空间区位进行，所谓差之毫厘失之千里。规划可以为平民教育提供基础性支撑，首先就在于建立相关空间资源分配的规划机制，这是培育农村思想市场的第一步。

5.6.3　维护地区的多样性

思想市场的命脉在于多样性，维护多样性是城乡规划的职责，否则规

---

1 惠婷. 尽快建立教育用地储备制度［J］河南日报，2010-8-27.

2 教育均衡发展成都落实得好［J］成都日报，2014-4-3.

划用公式和推土机就能完成。城市规划领域关于多样性的思考源于雅各布斯（Jacobs），她认为"多样性是城市的天性"。在考察美国的大都市之后，雅各布斯进一步得出了结论：充满活力的街道和居住区都拥有丰富的多样性，而失败的地区多样性都明显匮乏。这一结论是对于城市发展现象的描述，主要的研究视角是基于城市功用的社会经济关系。

如果再进一步分析城市多样性背后的线索，导致城市多样性的根本原因其实并不仅限于城市功用的多样性，而在于城市思想市场的多样性。通过规划维护地区多样性被视为是理所应当的，但是往往缺乏论证和推理，导致规划的工作浮于表面。为了更好地发挥规划的作用，充分保障公民的自由权利，首先必须了解空间形态、思想市场和人这三方面的关系。

结构主义被视为哲学也好，世界观也罢，总之能够帮助我们在基于关系的基础上重新认识事物的本质。根据结构主义的观点，人是观察者，外部世界的空间形态是被观察的对象，人总是要从自己的观察中创造出某种东西，这样的话，作为被观察者的空间形态就并不是清晰、客观、独立存在的客体组成，也不能被认为是外在于人和人对峙的客观世界。如此，观察者和观察对象之间的关系至关重要，因为这是唯一可以被观察的东西。事物的真正本质并不在于事物本身，而在于我们在各种事物之间构造，然后又在它们之间感觉到的那种关系，而感觉的方式，连同其中所固有的偏见，对于感觉到的东西有无可置疑的作用。这些关系构成了思想市场的一部分，关系如果趋同或者破灭，思想市场就会受到削弱。所以从结构主义出发，人们可以推论人和空间形态之间多样性的关系是思想市场的重要支撑。

正如意大利人维柯（Vico）所说的那样，人所感知到的世界不过是他强加于世界的他自己的思想形式，而存在之所以有意义，只是因为它在那种形式中找到了自己的位置。空间形态的存在意义，就是因为它与思想市场是发生关系的，这种关系不但具有反映的特征，也具有构成的特征。规划师竭力要从思想市场的变化中建立空间形态的法则，如果空间形态不能反映人类的自由意志，那么这样的形态就是虚假的。规划师需要做的最核心的工作是依据思想市场的真实性建立真实的空间世界，同时人们还要根据人和空间形态的关系的真实性，反过来保护思想市场的真实性。

由此可见规划师维护地区多样性的途径，并不是简单的维护空间形态的表观多样性，而是通过规划维系空间形态和人的关系的多样性，因为这种关系是思想市场的重要组成部分。从这一方面来说，规划师确实有维护思想市场的义务，而其实质就是维护公民自由，规划基点就以公民个人的自由选择为基础，因此就是要反对强制同化。无论是哪一位乡村居民，他如果欣赏某种形态，别人不应当干预他，当然这是在法制允许的范围内；但如果他不欣赏，谁也无权强制他，包括强制他欣赏"新农村建设"的成果。

通过以上的论述可以得知，人和空间形态之间的关系是规划观察的本质内容，这些内容是思想市场的重要构成。多样性是思想市场的源泉和发展动力，我们希望地区的思想市场持久繁荣，所以我们致力于维护人和空间形态之间的多样性关系。规划发挥作用的重点在于通过抽象的规则保障具体的自由，反对强制同化，反对虚假的空间形态，强调空间形态的原真多样性，这一结论对于城乡来说都适用。

基于这一结论来看农村聚落的保护，可以得知我们保护的不仅是某种表观的形态特征，而是在保护一种人和自然关系的表达。这一表达就是农村思想市场中最珍贵的部分，从整体上体现了天人合德的思想，从细节上描述了观念和秩序。所谓"礼失求诸野"就是这个意思，当城市思想市场面临枯竭的时候，就必须从人和自然的关系中重新获得启示。

5.6.4 改革单向度的城乡规划

传统城镇化阴影下的城乡规划具有单向度的特征：以城市为核心，忽视农村发展；以增长为核心，忽视可持续发展；以劳动力的非农化为核心，忽视人的发展。而城市规划本身所具有的否定精神、批判意识和超越热情都去哪了呢？从马尔库塞（Marcuse）的理论来看，有四方面的原因：

首先，当代工业社会成功实现了政治对立面的一体化。随着蓝领工人白领化、随着非生产性工人的增加，逐步丧失了其否定性和革命性。民主制度、左派、右派这些政治标签，经过多年的搓捏涂改，大都面目模糊，实质暧昧（吴大地语）。

其次，从生活领域来看，发达工业社会还使得城市人的生活方式同化，由于大家多少都获得了分享制度的好处，以往那种在自由平等名义下提出抗议的生活基础也就不复存在了。

再次，从文化领域看，所谓高层文化与现实的间距已经被克服，文化中心变成了商业中心或市政中心、政府中心的适当场所。表达理想的高层文化便不再能够提供与现实根本不同的选择。

最重要的是思想领域的变化，实证主义和分析哲学大行其道，这两者本来就是单向度的思维方式；而既定的事实并不一定就是应该接受的事实，分析哲学带来的"肯定性思维"是大脑清洗[1]。

所以，近年来中国的城乡规划本身就是随社会浪潮沉浮而已，并未作为社会理想超越既有的现实，反而被现实裹挟。城乡统筹规划是对单向度规划的改革，首先是因为它承担了新的社会任务：人口的社会流动与市民化，这部分的人群是富士康生产线上的工人，是城市工地中的匠人，是城市中无处不在的非正规就业的从业者，他们是最具有革命性与批判性的人群。如果只实现劳动力的非农化而不真正提高城镇就业承载力的话，人的社会流动与市民化难以实现。

其次，中国城乡的生活方式是完全不同的，仅以四川来说，还有广大的农村腹地、山地丘陵并未获得制度性的好处，很多地区农村凋敝，发展停滞；从维持地方稳定的方面出发，还有川西的少数民族需要格外照顾。所以说，城乡统筹规划面对的是多元的发展情境和生活方式，单向度的规划思维难以为继。

还有，全球化正与地域文化发生激烈的冲突，在多元的文化环境中，实在不能说有什么"高层文化"；在全球化的背景下，乡土文化也展现出了绰约的风姿和重要的影响力，乡土文化也可以作为表达理想的载体。乡土中国的文化氛

---

1 赫伯特·马尔库塞. 单向度的人——发达工业社会意识形态研究［M］. 刘继译. 上海：上海译文出版社，2008：205.

围要求城乡统筹规划具有多元与包容的能力。

人文主义和批判精神是城乡统筹规划的向度，也是城乡统筹规划脱离单向度规划的关键所在。人文主义所倡导的以人为本理念，体现在城乡统筹规划中，就是要把握人口的空间流动和社会流动的主线；再次引用叶裕民教授的观点：农民工经济属性与自然属性及社会属性多重人格分裂，中国经济社会可持续发展遭受严重威胁。而批判精神是当今社会的最为欠缺的品质，不过随着网络批评的兴起，如今的整体社会氛围是再无任何一二流的学者敢以实名发表反民主反宪政的文章。整体的社会是逐渐走向成熟的，不然社会各界也不会如此关注城乡社会发展中的各种矛盾问题。

此外还需指出的是，城乡统筹规划解决的是城乡社会发展中的矛盾问题，需要走方法论多元主义的道路。正如韦伯指出的那样，要在自然科学和人文科学的方法之间寻求某种平衡。韦伯认为在社会学的研究中，基于某一种方法，排斥另一些方法的做法都是非科学的，这样既区分自然科学与社会科学的方法，又强调它们之间的某种统一，城乡统筹规划的方法论也是这个道理。

5.7 本章小结

科斯（Ronald H. Coase）对中国的发展是持有乐观态度的，他认为中国改革的关键在于边缘革命、区域竞争和思想市场的发展，尤其是思想市场的发展，更是中国未来持续发展的动力。作为改革的探索，城乡统筹规划的具体方法是规划领域推动整体社会前行所付出的努力，简而言之就是要用持守底线、顺势而为和周遍含容的规划态度面对进一步的改革。

城乡统筹规划有促进农村市场经济和农村社会协调发展的任务，应依据城乡统筹规划建立农村产权市场的定价机制，这是规划面对市场经济应持守的底线；地方政府应充分发挥合作社的经济主体作用，通过城乡统筹规划优化农村公共服务的空间组织结构，加强劳动力转移与就业中的公共服务，这是规划面对社会发展应持守的底线。

　　面对激烈的区域竞争，城乡统筹规划应有所为有所不为，应以全民规划为导向，纠正地方政府的偏好和干预，以规划指引的方式迅速介入地方城乡发展中的现实问题和矛盾。区域竞争应顺势而为，规划应把握城乡要素流动的趋势，密切关注土地流转、场所兴替、城乡联系和城乡社区四个方面的发展动态，促进生产力要素（特别是劳动力）在城乡间更充分的流动，争取获得区域互动和统筹协调的局面。

　　乡土文化的精神实质是天人合德，城乡统筹规划应本着和合共生的文化理念，以周遍含容的态度容纳文化的多样性，以发挥乡土文化的持续创造力。城乡统筹规划应认识到城乡发展的原动力来自于思想市场。为了促进城乡思想市场的持续繁荣，规划应多方位支持平民教育的发展，维护地区多样性；人文主义和批判精神是城乡统筹规划的向度，也是城乡统筹规划脱离单向度规划的关键所在。

6. 结论

本研究最根本的思考来源于历史进程的地区差异这一古老命题，不同地区的人类总是以如此不同的速度发展，这种速度上的差异就构成了历史的最广泛的模式。利用枪炮、病菌与钢铁，西方世界迅速发展了工业文明并建立了高度城镇化的社会，从此城镇化的水平基本上就成为世界各国社会经济发展的标尺。为了缩小与世界的差距，改革开放后三十年中国城镇化进程提速，在取得举世瞩目成就的同时，社会、经济、生态等方面的宏观负效应集中爆发，宣告这种传统城镇化的道路走到了尽头。中国的传统城镇化道路有诸多缺陷，其中最重大的失误是城乡二元发展，所以中国政府正在转变城镇化的发展模式，全面推进新型城镇化的进程，其根本的方法是统筹城乡发展。从人类世界历史发展的角度来看，统筹城乡发展是缩小中国与世界文明差距的根本方法。

城乡统筹规划的研究与实践工作，是城市规划领域对于中国统筹城乡发展战略的具体落实，是中国新型城镇化进程中的规划技术保障，也是城市规划学科完善自身理论、充实规划方法的重要路径。城乡统筹规划是中国特定历史时期系统性的城乡发展策略和社会治理构架。本研究的任务归根结底，是为了使得城乡统筹规划的方法可以达之于物，兴起作用。结合理论与实践，研究主要形成了以下结论。

（1）城乡统筹规划应紧密围绕新型城镇化发展的主线，具备全球视野，突出中国特色

总的来说，新型城镇化以"化人"为核心，围绕这一核心，城乡统筹规划的主线应是转型发展、提振民生和社会治理，也就是说城乡统筹规划要在调整城乡发展结构、赋予农村产权权能、推动城乡社区建设这三个方面有所作为。城乡统筹规划首先要把握世界城镇化发展的一般性规律，立足中国国情和区域特点，探索区域城乡一体化发展的路径和空间发展战略。

（2）为提高规划的科学性和可实施性，要围绕空间聚集、公共事务治理和地方立法这三个方面完善城乡统筹规划的理论体系

城乡统筹规划作为国家空间规划的一部分，应通过规划影响空间聚集，识别具有潜力的发展地区，促进城乡一体化的发展；对于农村公共事务方面的政策设计，规划应避免"公地悲剧"和"囚徒困境"现象的发生，同时也应注意地方的文化影响力；结合地方的发展特点等因素，地方性立法具有很强的拓展空间。事实证明，只要地方立法趋于完善，城乡统筹规划就可以有效的纳入法定规划的体系。

（3）应以多元方法论为依据，构建包含逻辑层、支撑层和运作层这三个层次的城乡统筹规划方法体系

城乡统筹规划必须走多元方法论的路线，一方面要强调规划的合理性；另一方面要强调合乎情理性。合理性指的是规划技术的确定性和理论性；合乎情理性指的是规划在具体语境中的叙事、解释和说服能力。在这样的方法论架构下形成的具体规划方法，具备针对性、综合性、规范性和公共性的特点。城乡统筹规划方法体系的逻辑层包含城乡统筹规划方法的总体思路、理论拓展和方法论构造；支撑层包含法律、政策和事权方面的三项支撑；运作层包含具体的城乡统筹规划运作的方法，是空间规划的方法和社会治理的方法集合，通过这些方法集合的运作，可以建立城乡统筹规划的空间架构和社会规则。

（4）城乡统筹规划应从直觉规划转变为系统规划

从直觉规划到系统规划是城乡统筹规划方法的完善思路，应根据新的历史时期的规划任务要求进行各层级规划重点的调整，同时应实事求是地进行"在地规划"；研究讨论了城乡统筹规划纳入法定规划的路径，分析了地方立法对于规划发展的影响，提出了城乡统筹规划是"三规合一"的最优平台这一观点；研究还提出了城乡统筹规划对于区域政策的整合思路，并认为保障公民自由是城乡统筹规划公共政策设计的出发点和基本点。

为了确保城乡统筹规划的运行，各级政府应进一步明确城乡统筹规划的事权结构，优化的重点一方面是优化县级规划主管部门的治理构架，另一方面是

探讨跨区域规划事权归属的问题。这两方面的探索持有的基本观点都是"责、权、利相一致",而且重点都在于制度设计而不是权力争夺。

（5）城乡统筹规划的具体方法,是城乡规划领域对于中国改革的具体探索,主要的方法是持守底线、顺势而为和周遍含容

首先,规划应有底线意识,无论社会潮流如何改变,规划应持续推动农村市场经济的发展,并不断提高基本公共服务均等化的水平。面对区域竞争,规划应有所为有所不为,以全民规划为导向,纠正地方政府的偏好和干预,目前可以利用规划指引的方式迅速介入地方城乡发展中的现实问题和矛盾。城乡统筹规划应本着和合共生的文化理念,以周遍含容的态度容纳文化的多样性,以发挥乡土文化的持续创造力;人文主义和批判精神是城乡统筹规划的向度,也是城乡统筹规划脱离单向度规划的关键所在。

附录：四川省城乡统筹考察报告

　　《四川省省域城镇体系规划（2013～2030）》项目为我们提供了考察四川省城乡统筹发展的机会。我们川东北调查组在四川实地考察了成都、绵阳、德阳、广元、遂宁等九市州的情况，从2013年7月13日起到2013年8月17日止，共36天。在农村，在城市，调查组召集农民代表和农工委的同志开座谈会，仔细听他们的发言，获得不少材料。许多统筹城乡的道理，和在北京听到的完全相反；许多见闻，令我们大吃一惊，深感城乡统筹工作的复杂性和严重性。相信川南调研组的同志也有这样的体会。所有城乡统筹工作中的错误，应立即纠正；所有于农民不利的举措，应立即废止。中国的城镇化进程是不可逆转的大趋势，未来几十年内，还将有数亿的农民落脚城市，现实让他们别无选择，只能从实际出发，或是隐忍，或是观望。但是他们始终在城市生活的吸引下，试用各种不同的方式来解决现实中的问题。他们将冲破一切体制性的障碍，"无论什么大的力量都将压抑不住"。一切改革的路线、规划的政策，都将经过他们的检验而决定弃取。规划师在城镇化的浪潮中应有怎样的立场和观点？是沉迷于现状而踟蹰不前，是醉心于体制而继续试错，还是放眼于未来而砥砺前行？

　　无论站在哪一边，都应把当今农村的社会事实理个通透。很可惜的是，哈耶克在几十年前就曾提醒过我们，与自然现象或者心理现象不同，社会事实的真实性取决于"（你四周的）人们认为它是真的"。一时一地的社会事实，在其他地方或不同时期却不一定存在。如果想拨开重重迷雾透视中国农村社会的事实，一定要将认识清晰地划分为三个层面：意见、知识和智慧，简言之就是"以我观之""以物观之"和"以道观之"。只有拥有智慧，才能把规划方法与地方作为真正结合起来，找到真正的繁荣与发展之路。

一、土地问题

（一）搬罾

"罾"，是一种四方形的古老渔具。从地名即可看出，这个南充城区以北嘉陵江边的小镇以往也是靠水吃水，但是从2008年之后，情况发生了变化。灾后重建是历史性的，四川省在历史上除了三线建设时期，从未有过如此密集的项目建设。很快，像南充这样的城市，就形成了"大城市、大农村"的格局。南充是我们第一阶段调研（7月15日～7月28日，包括遂宁、广安、达州、巴中和南充）的最后一站，在初步掌握了川东北的情况之后，发现南充确实是川东北区域的中心城市，这并不在于规模，而是南充在城乡发展的体制机制方面做得相对系统和完善，治理水平远超周边城市，在城乡土地要素相关问题的处理方面，有很多值得借鉴之处。

"大城市、大农村"格局，在南充体现为三点：建成区面积超100km^2，中心城区人口超100万，人口1万以下的城镇占90%以上。搬罾就是典型的小城镇，镇区不过6千人，镇域2.6万人（均为2012年底常住人口）。所谓土地要素相关问题，主要矛盾在于城乡统筹中土地要素的法制问题。1982年《宪法》"城市的土地属于国家所有"（第十条第一款）这一条款，首次对土地所有权制度进行了明确规定，但是在城市建设中逐渐发现，房地产领域中种种矛盾以及这些矛盾的根源，都与现行宪法关于土地制度的规定有关，不过不管怎么说，城市的土地建设开发运作方式已经成熟，随着建设重点的转移，矛盾的重点已经不在于城市土地是否公有，而是城市建设用地指标的不足。

这一矛盾在近几年加速了农村集体土地的流转。农村集体土地分为集体建设用地和宅基地两部分，这两部分在四川都并不能直接入市补充城市建设用地的不足，但是有一种折中的办法，即"增减挂钩"。增减挂钩与征地拆迁不同，因为但凡含有"征"的词语，都带有强制内容，比如征地、征兵、征税等，而"增减挂钩"的重点在于"挂钩"，"挂钩"的内容是用地指标，并非强行征收土地，所以推进的难度较低，还能在一定程度上化解强征土地的流弊，所以地方政府在力推"增减挂钩"。

搬罾做了2年增减挂的工作，倒腾出来多少建设用地指标呢？我们简单计算了一个新农村综合体的土地账：

这个新农村综合体名为青山湖综合体，2年的建设周期，吸引了300余户农民参与建设。这里是"吸引"，并非强推，在调研中我们也入户询问，新农村建设在搬罾确实是自愿的，报名的参加，不愿意的也不强迫。原来一户农民的宅基地占地为300m²左右，大的能到500m²，因为搬罾这边用地条件尚可，农户原有的宅基地面积比较富裕。搬迁到新农村综合体之后，每户农民宅基地占地不会超过150m²，因为建设标准按每人30平方米，每户不超5人计算。虽然每户的人数并不相同，但是我们看到新居的面积和规格基本差不多，均为独立式的小住宅，前后有"微田园"可以做一些庭院经济。农民集中居住，每户至少可以节约150m²的用地，这样这一个综合体就能产生4.5hm²的建设用地指标。像这样的综合体，并不是每镇都有，搬罾的用地条件较好，可以一下集中300户农民搞综合体，而用地条件较差的地区，30户以上联名同意就可以搞聚居。聚居规模并不一定，现在的执行原则是农民同意即可，那么农民是否真的愿意？

新农村住宅每一套的成本为15~18万不等，高标准的可达20万，农民肯定不肯出这么多，所以政府补贴力度很大，基础设施由地方政府出钱，建筑成本亦有补贴，2008年之后还有灾后重建补贴，每户1.5~2万不等。我们在南充见到的最高标准的地方补贴（统规统建）是742元/m²，这就相当于政府拿了一半的费用，农户再自筹10万左右，即可住进新居。但这笔费用对农户来讲仍是一大笔钱。南充2012年人均GDP为18773元（3027美元），相当于全国的一半（38354元），所以让农户一下筹措10万元现金还是很困难的。但是房款确实是农户自愿缴的，而且大多是打工所得，由此可以看出农民在城镇化过程中的矛盾心理，就是无论如何也得在农村有落脚的地方。而且目前的政策相对宽松，并没逼迫农民上楼，所以既然有政策扶持，新居区位和条件又尚可（耕种半径1.5~2km内），农户参加聚居的意愿还是较为积极的。

那么政府在增减挂钩中有盈余吗？我们可以算笔账。增减挂钩当然还得下点本，至少有三部分的钱政府必须得出，其一是基础设施水电道路的钱，其二是建房直补，其三是土地复垦费，这三部分的钱相加平均下来在南充得4万元/亩（60万元/hm²）。2011年至2015年，南充市通过城乡建设用地增减挂钩项目的实施，整治农村建设用地8876.80hm²，参与挂钩的人数达563871人，建集中居住新区面积3383.23 hm²，减少农村建设用地5493.57 hm²。按照4万元/亩（60万元元/ hm²）来计算，南充市农村建设用地整治项目实施需总投资53.26亿元。

也就是说，可以在城市卖的农村建设用地指标是5493.57hm²，按照目前的用地结构，一半以上的地都作为工业用地出让，而在工业用地上地方政府根本无利可图，基本是零地价或者还得倒贴，实实在在可卖上价的指标大约有2500hm²，按照2013年上半年南充土地市场商住用地交易价格（156.51万元/亩，2347.65万元/ hm²）平均下来计算，这些指标价值约587亿元。这样算来，政府在增减挂钩工作中有较大空间的盈余。

我们之所以认为南充在城乡土地要素相关问题的处理方面有一定的借鉴之处，是因为南充愿意将增减挂钩所得返还一部分给镇村建设。增减挂钩这项政策，关键在于参加者利益的均衡分配，政策本身确实是个好主意，农村的住宅质量提升，基础设施改善，土地集约利用，耕地不减，城里还多出了建设用地指标，看起来漂漂亮亮，但是如果土地收益不返回农村建设中去，就偏离了政策设计的初衷。

《南充市统筹城乡试点工作若干政策》有两个亮点，第一，在符合土地利用总体规划、城乡规划和产业发展布局规划的前提下，依法取得的集体建设用地（宅基地除外），经确权颁证和该集体经济组织2/3以上成员同意，县（市、区）政府批准，可以通过使用权转让、出租、作价入股、联营、融资等形式进行流转，按照规定用于工业、商业、旅游业、服务业、农民住房建设等（但不得用于商品住宅及小产权房等房地产开发），其收益全部用于"三农"；第二，土地增减挂钩净收益的10%以上用于试点镇（乡、街道办）场镇改造建设。

两个关键之处，第一，除了宅基地以外的农村集体建设用地，已经松绑，实际上和入市并无太大区别，尤其是明确了可以搞工业，这比成都的政策都要宽松；第二，确定增减挂钩的收益按比例返还镇村建设，这两点政策说明南充市政府真正走上了城乡统筹发展的道路。

（二）合兴

进行乡镇调研，不能总去好的乡镇，一般的、差的乡镇我们也要去。德阳市中江县合兴乡实际上是一个经济条件中等偏下的地方，是一个农业乡镇，户籍人口19081人，其中常住人口约占55%，辖12个村，其中山上6个村，山下6个村，平均每村不到1800人，约500户。合兴乡的访谈，乡镇干部参加了，劲松村的支书也参加了，他们对乡里村里的情况掌握得比较充分。借由合兴的情况，可以探讨一下土地确权和流转中的问题。这个乡的一些做法，给我们的启示是土地政策的设计是一个系统工作，一定要结合人口和就业情况综合来看，不然就会出问题。

土地确权，确的是集体土地所有权、集体建设用地使用权和农民宅基地使用权；土地流转，基本上只牵涉集体土地和集体建设用地，集体土地搞规模化经营，集体建设用地搞开发建设，宅基地基本不牵涉流转的问题，因为目前的相关政策并不支持宅基地流转，政策导向是支持宅基地退出的，各地基本都有退宅基地给城镇户口、社保等相关规定，但是很少有退出的。2013年7月1日之后，四川省禁止非转农户口迁移，大学生上学迁出户口就不能回迁为农业户口，从这一规定也可以看出政府对于宅基地的态度，就是控制得非常严。目前关于宅基地的动作只有增减挂钩这一条路：宅基地只能缩小不能扩大，也不能更名转让。

土地确权，前两种权都比较好确定。确定集体土地所有权，实际上就是把农地、林地、草地破碎化的情况整合了一遍，这个工作是农业部门负责牵头的，和城镇建设开发并无关系。集体建设用地，是指乡（镇）村集体经济组织和农村个人投资或集资，进行各项非农业建设所使用的土地。主要包括乡（镇）村公益事业用地和公共设施用地，这部分的用地的使用权很清晰，比较容易界定。所以土地确权除了确定宅基地之外的工作，四川省各市州都基本完成了。宅基地确权的难度确实很大，一户多院的情况很多，按道理每户仅限一处宅基地并且有面积标准，但是在实际操作中，情况千差万别。未批先建、私自交易、房屋空置等现象大量出现，地方政府力推新农村聚居点，实际上就是变相确权，加强对宅基地的控制。

中江县就是这个情况，宅基地的确权还在试点，集体土地所有权、集体建设用地使用权已经全部确完。确权的意义并不在于颁证本身，而在于将沉睡的资产资本化。所以确权的下一步就是流转和贷款。

合兴分山上山下，山上种药材，山下搞养殖，人均耕地0.8亩，人地关系极为紧张，如果不外出务工加上土地流转收益，农民生活几乎难以为继。以劲松村为例，共1647人，常住1071人（条件稍好），外出打工576人，本地打工每日工资大工80元、小工50元，主要是被粮食产业的私人老板雇用。外出务工主要在成都、中江、广汉等地，每户打工收益每年约4.5万元。

外出务工人员留在村里的土地通过三种渠道流转。

首先，开展土地"小集中"，农村耕地破碎化情况十分严重，小集中就是3～5个农户把土地集中起来，就近耕种，土地的块数变少，面积向耕种的农户集中，小集中对于农户开展机械化作业提供了条件。小集中的主体还是农户，是农户之间的流转。

其次是组建土地股份合作社和通过合作社流转土地，这就是通过合作社中介与工商资本联合。四川省农委对于工商资本介入农业生产非常谨慎，实际上并不鼓励工商资本长时间大面积占据农地资源。合作社居间，解决了企业和农民之间的信任问题，企业和单独农户一家家地谈判、签协议，成本极高，但合作社却能帮助农民以地入股，争取更好的条件。有学者认为国内应学习台湾，让企业和农户直接谈判，但这并不符合四川的现实条件。合作社更专业，与企业谈判要比单独的农户具备专业优势，而且合作社与公司不同，合作社是一人一票，如果合作社不称职就集体投票否决，不太可能出现中介公司与资本家合力蒙蔽农户的情况。

再次就是建立乡镇土地流转服务中心，这是未来的发展趋势，流转服务中心可以使流转的手续更加规范，流转的范围和规模都将进一步拓展。

截至2011年底，德阳市已有52个乡镇建立了土地流转服务中心，占乡镇总数的40%，有51个村民小组实施了"小集中"试点，涉及承包地面积1万亩，组建以土地承包经营权入股的合作社19个，入股土地面积1.72万亩，通过农民专业合作社规模流转土地3.2万亩。可见德阳已经实现了土地流转的规范化和常态化。

土地流转之后，农户的收益又如何呢？流转的合同具体分为两种方式：一种是分红，另一种就是实物地租。分红是企业与农户3/7分红，实物地租是每亩地每年给农户500～800斤黄谷不等。农户很少愿意接受固定租金，目前接受实物地租的方式较多。土地流转安排得好，农户就能放心在外打工，甚至在城市落脚。劲松村村支书介绍说，村里有10户在中江买房（其中3户为了孩子上学），4户在成都买房，5户在德阳买房，3户在绵阳买房，有在外地买房意愿的估计至少还有30户。

不论是小集中、通过合作社流转，或是由乡镇土地流转服务中心流转，目的只有一个，就是保证农户的利益不受损。一定要结合农户外出务工、就业的情况，结合农地条件，合理设计土地流转的方式。一味推行大规模机械化，至少在四川的丘陵区是行不通的。有些观点也把中国农村的情况简单化了，说到农业的解决之道就是大规模机械化，可是有些农业生产方式永远也无法机械化，比如种植水果，需要一个个套袋子；比如山区丘陵，地形复杂多变，机械化难以施展。

（三）踏水

前文提到土地确权之后就有可能搞活农村金融，农户就有机会争取贷款，这实际上是理想的状况，现实中农户贷款很难，银行认可的抵押物并不包括集体土地，确了权也不行。所以农户争取贷款只有两条路径，一是提供银行认可的抵押物，二是信用联保。

资阳市土地流转的基本情况是这样的，人均耕地面积1.34亩，农村居民点分布较为分散，农地流转完成82万亩，主要集中在交通、水资源条件较好的地区，约占总量的20%。农地流转的对象主要是龙头企业、专业种植大户、农民专业合作经济组织。农用地征用价格为3～4万元/亩，土地整理成本为10万元/亩，农用地流转时限一般到2026年，每年给农户680～800斤黄谷。

资阳市乐至县东山镇踏水村，是我们深入访谈的一个点。从上述的数据来看，资阳农民外出打工之后土地流转的规模不小，去了踏水村更令人震惊，农村空心化现象严重。踏水村一共1288人，现在仅剩300人，资阳下面的一般乡镇都有空心化的趋势。乡镇空心化，乡镇干部的工作就不好做，怪事就多。

某日，省城某知名企业招工，市县镇都摊派招工指标，村里都空心化了，上哪找劳动力？镇里面的干部顶不住指标压力，自己冒充工人，去企业混3个月回家，凑足招工名额以保乌纱。

说到这里都不是重点，重点在于留村的农户想搞规模化养殖，很难得到银行的扶持。农民几乎不能给银行提供有效的抵押物，目前只有林木可以抵押，但是数量很少难以运转。所以只能大伙绑起来搞信用联保争取贷款，即"六方合作+保险"的机制模式——"金融机构+担保公司+饲料加工企业+种畜场+协会农户+肉食品加工企业"的合作，这是政府担保、联盟式的合作互助发展经营机制。这种模式实际上还是把系统风险推给了农户，市场一旦波动，成本都压给农户，市场价格偏低时，农户积极性不高。这就造成恶性循环，贷款拿不到，规模上不去，成本下不来。有一个事实很可怕，一个著名的午餐肉企业，80%的产品出口菲律宾，根本不在当地进货，因为非规模化养殖的猪肉添加剂残留过多，检测不可能通过。

信用联保多方合作是无奈之举，不是农户获得金融服务的路径。没有土地制度的突破和城乡统筹机制创新，银行就永远不会认可农民的抵押物，金融服务就是空谈。市场经济在空间上获得统一，是城乡统筹发展首先要解决的问题。

结合搬罾、合兴和踏水的调研，简单梳理了一下城乡土地要素相关问题，主要包括增减挂钩的做法、土地确权整理流转的机制以及农村金融的现状。下面简单谈一下低丘缓坡治理的问题。地点是广元市苍溪县，这里的情况比较具有典型性。

（四）苍溪

之所以要专门讲一下低丘缓坡治理的问题，是因为低丘缓坡治理与城乡建设用地指标密切相关。根据国土资源部《低丘缓坡荒滩等未利用土地开发利用试点工作指导意见》的要求，只有试点省区的试点市县可以开展低丘缓坡的开发试点工作，但是四川省境内的各市州对于低丘缓坡的开发十分热衷。

县以上的地方政府，想要获得建设用地指标，只有三个途径：一是国土部门下达的建设用地指标，这个指标非常珍贵，一般县级政府每年的指标量只有300亩（20 hm²）左右，根本无法满足城乡建设用地需求，更何况指标就算有，还得投入拆迁成本和社会成本；二是通过增减挂钩获得城乡建设用地指标，但是这个指标得来殊为不易，一是要做新的居民点，二要农民愿意，三要复垦2年之后才能动用指标，所以增减挂钩获得的指标一般不会超过当年用地需求的10%，就算是非常成熟的地票市场（重庆），每年通过增减挂钩获得的土地量也只占整个市场的12%；三是通过低丘缓坡治理，获得城乡建设用地指标。这种指标的成本包括生态成本和土方成本，生态成本没法算到账本上，土方成本就是20元/m³，一些地方政府认为非常合算，发现通过这个渠道获得指标非常便利，既无征地拆迁的烦恼，也不计入国土部门每年的土地投放总量中。

当然除了这三项以外，还有一些地方能够通过工矿废弃地复垦利用再获得一些零星指标，但不是每个地方都有这样的条件，而且复垦毕竟还是需要时间成本的。总之，通过低丘缓坡治理的路径，是目前获得建设用地指标最便捷的方法。理论上低丘缓坡综合利用试点是在保护好平坝耕地的前提下，选择一定区域具有一定规模、具备成片开发利用条件的低丘缓坡区域，按照因地制宜原则用于城镇建设、工业建设和农村居民点建设。实际操作时要复杂许多，苍溪县的一批项目和几个工业园，都是利用山地丘陵建设起来的，其中有利有弊，不能一概而论。

苍溪的迅速发展始于2007年元坝气田的重大突破，根据目前的资料判断，苍溪的气田储量很有可能位于四川第一，元坝气田相关产业也落户苍溪，这也是当地政府争取的结果，如果不是力争的话很可能就落户阆中，元坝的气田就基本上和苍溪没什么关系了。

谈判的重要筹码是供地条件。苍溪在任家沟、罗家岩、石家梁、石河堰水库和紫荣村三社的山地推平了2.45km²的土地，成立了"苍溪紫云工业园区"和"广元市天然气工业园区"。我们认为前期的投入是值得的，因为天然气产业的链条很短，脱硫，压缩，变成CNG运走。这一阶段的生态效益和经济效益都比较理想。苍溪的产业园前期的企业包括天然气脱硫、CNG压缩、天然气焊接、秸秆发电等，充分发挥了天然气产地的优势，土地利用也比较集约。所以总体来讲，发挥产地优势做一些与清洁能源相关的项目，利用荒山丘陵供地，是可取的也是划算的。

但园区后续项目的上马，思路出现了问题。首先，利用宝贵的天然气搞化工，上马化肥、甲醇等项目并不合算，在中国天然气是珍贵的清洁能源，还应首先确保民用，在目前化工产业产能过剩的情况下，推山15km²，数千万方土方工程量，园区上下落差50m，这样的规划并不符合低丘缓坡开发治理的原则。一期的项目选址已经非常困难，苍溪的用地紧张到甚至造成了县城的房价直追广元的情况。事实上，后续用地已经不能算是低丘缓坡地带了，已经往深丘林地拓展了。"工业上山"的发展思路还是"硬发展"，或者说是"不发达的发展"。我们也能理解苍溪无奈的发展选择，在招商引资的压力下，有道达尔这样的企业愿意入驻，地方政府确实难以抗拒GDP的力量。

总之，通过低丘缓坡治理获得建设用地指标，并非完全不可行，但需要地方政府权衡投资和收益的关系，尤其需要平衡生态付出和GDP收益之间的关系，顺应产业发展的趋势，才有可能获得长远利益。

二、认识"新农村"

本次调研，我们对"新农村"的看法产生了分歧。新农村建设是四川省推进城乡统筹发展的重要路径，全省各地都在做新农村方面的工作。不单是调研组对新农村有看法，地方干部对新农村的推进也意见不一。在全面评价新农村建设得失之前，应对新农村的发展历程、主要内容和具体方法有一个深入的认识，不然对新农村的认识容易浮于表面。新农村看起来都差不多，基本是以独立的农家院落为主，但是不同地区的新农村，在项目来源、资金募集、建设模式等方面差异很大，很难一概而论，也很难脱离实际情况和地方条件评价新农村。

整个四川省新农村建设的历程可以分为三个阶段：2005年底至2009年上半年，是探索阶段，并无统一的模式，各地形成了若干各具特色的建设模式；2009年下半年至2012年底，省里开展第一轮示范片区建设，这一阶段实际上是以物质空间建设为主，主抓"新村建设"，涵盖基础设施和新型村庄等多个方面；第三个阶段是2013年至2015年，新农村建设的重点转向公共服务和社会管理。

（一）新农村的类型

划分新农村建设的类型非常复杂，四川省基本是按照地形地貌条件划分的：分为平原、低丘和深丘地区。平原地区以德阳为典型，低丘地区以自贡为范例，深丘地区的试点在广元。成都中心城区周边的模式具有特殊性，成都中心城区的带动作用强，土地增减挂钩和流转的资金充裕。龙门山周边的农家乐等项目已经非常成熟，而且经济活动活跃，甚至出现了地质灾害多发区的农户都不愿搬迁的情况。成都周边一些地区的做法非常细致，郫县、双流等地新农村的做法已经较为成熟。

通过地形地貌划分新农村建设的类型，基本上只能划分规模和形态，从平原到深丘，规模越来越小——从三百户到三五十户，形态也愈加灵活——从居住社区到居住组团。但是规模和形态还不是考量新农村建设的重点。通过调研，我们确定从两条主线出发划分新农村的建设类型。

首先是市场化的程度。在这里提一下达州宣汉县君塘镇洋烈村，这个新村是"非地震灾后重建"项目。2010年7月18日，这里遭遇了一场特大暴雨洪灾，导致

122户275间房屋垮塌，重建的洋烈新场镇占地120亩，将原址房屋拆除后，整体抬高11m后建设。被称为"非地震灾区灾后重建的样板工程"和"川东第一村"。

像这样的新农村建设项目还包括地震灾区和渠江流域灾后重建、牧民定居、彝家新寨、巴山新居、移民迁建等类别。此类项目有一个共同特点，就是工商资本基本不会介入，也不会受到市场的青睐。项目完全由政府投入，农户不出钱或者仅是出工，这类新农村市场化的程度较低，灾民安置之后的地方产业发展也基本由政府扶持，以政府出面招商引资搞产业园为主。

达州大竹县石河镇新华村，这一类的新村建设也是以政府为主导，但是已经包含了市场化运作的成分。政府提供免费的规划设计图纸，投入基础设施建设费用，并不包括房屋建设和环境设施的投入，对于产业发展也仅是引导。新华村，以及周边的一批新村，如华山新村、印象新华、宜居九盘、双马社区等，都采取了"群众出，政府补"的集资模式。产业发展方面，村民自己合伙，或者通过合作社招商，搞乡村旅游，规模种植香椿树、苎麻等。我们认为这一类的新农村是政府力和市场力共同作用的结果。

还有一类新农村，基本就是市场力作用的结果。主要的推动力也分两方面，分别是规模经营和土地增减挂钩。规模化经营有一个典型新村令人印象深刻，即苍溪县元龙新农村建设示范片，这里基本是以市场力为推动，香港和东南亚的水果商人与农户一起经营红心猕猴桃生意。并不是说有外资进入规模化经营就能解决所有问题，但是元龙的农民纯收入实实在在比全县平均高出32.5%。

土地增减挂钩项目也是新农村的重要市场推动力，但是由于增减挂钩指标不能出县域流转，所以只有中心城市带动力强的地区，才会有企业愿意做新农村增减挂钩项目。

以市场参与的程度划分新农村建设的类型，基本就是以上三种：政府主导型、政府与市场协作型、市场主导型。仅以市场为导向划分新农村的类型亦存在问题，就是往往会忽视农户的意愿。所以还应以人权主体的发展来界定新农村的类型，同时也能明确地判断出新农村的发展阶段。

（二）新农村的发展阶段

新农村的发展阶段划分，应与已成公论的人权内容的"三代"划分相似，即"从有限主体到普遍主体""从生命主体到人格主体""从个体到集体"。

初期的新农村建设，参与主体为农户和政府，市场影响面小，主体是有限的，并不具有广泛的吸引力。近两年来，市场参与程度深的新农村，主体已经开始多元化，既有本地企业参与，也有外地资本流入，甚至还有外资介入。像前文提到的元龙新农村，实际上已经是与国际市场深度对接，新农村的参与主体已经非常复杂。主体的复杂程度，反映了新农村运作的成熟度，健康运行的新农村是需要全社会共同参与的。

边远山区的新农村，政府是作为民生项目力推的，因为政府要做基本公共服务，要确保牧民、少数民族群众的生存权和发展权。客观地说，如果没有政府力的推动，这些地区的生活条件永远也无法和平坝、低丘地区相比。再进一步发展，这些地区的群众已经不满足于生存，还要发展、繁荣，政府的作用就不单是确保群众的生命主体，还要发展群众的人格主体。所以各地的新农村，配套的项目日益丰富，目前的建设重点已经从基础设施建设转向社会治理。因此我们认为基层社区的治理水平，是新农村建设发展阶段的重要划分标准。

从个体到集体，人权由过去单纯的个人人权发展为集体人权。环境权、安全权、平等贸易权等等构成了集体人权的内容。新农村的资源和环境保护水平、公共安全情况和商品流通情况，也是建设阶段的重要划分依据。

是否由社会共建，社会治理水平如何，是否实现可持续发展，这三项标准同样是新农村建设阶段划分的依据。我们认为郫县、双流等平原地区的新农村基本上达到了成熟健康发展的阶段。比如郫县三道堰镇青杠树村，这个村的规模属于中等，有11个社，685户人家，共2183人，面积1.8km²，耕地1888亩，人地关系也很紧张。村成立了集体资产管理有限公司，并投入运行。银行融资款项已到位，正在使用。截至2013年上半年，共签安置协议604份，安置2039人，占规划安置人数97%以上。所有安置点内已签约农户已全部拆除平场。

青杠树村新农村建设的模式土地综合整治，就是整村统规统建，但是并不是完全集中，共分6个组团灵活布置。农民自主实施土地综合整治、集体建设用地开发、农村产权抵押融资，青杠树村的着眼点在于"自由"二字。

拿上宅基地本，村民们到县国土局"小本换大本"，再以宅基地作为抵押，向成都农商银行融资建新房。"整理出的305亩集体建设用地，村民们决定自行招商引资，发展产业。"青杠树村已经引进4家公司，到村里发展乡村酒店、文化创意产业、会所等。

有一个细节，就是新农村的户型设计考虑到了未来发展乡村旅游产业的需求，每一个卧室基本上就是客房标准间，这样农户将来营业的时候就不用再二次装修了。青杠树村的发展是社会共建的，社会治理充分发扬农村基层民主，而且无论在经济上还是环境上都实现了可持续发展，所以我们认为这个案例是具有参考价值的。

（三）新农村的空置问题

新农村的空置率很高，这是不争的事实。到底空置到什么程度呢？各地情况不同。客观地讲，青壮年劳动力都不在村上。调研组面对这样的情况有点心灰意冷，基层干部对于新农村的前景也普遍看淡。新农村建设和城镇化的路径是不是有背离呢？人口回流，新农村才能够发挥作用，如果按照目前的趋势，新农村是不是巨大的资源浪费？

如果说新农村就是政府的政绩工程，是政府强制推行的，也并不客观。事实上目前各地新农村建设是没有强迫的，操作流程基本上都是依据农民申请，凑足30~50户就可以选址建设。农民愿意投入十几万元现金建房，而并不入住，这种情况真实反映了城镇化中农民工的矛盾心理。我们再回到踏水村看一下，踏水村300多户人家，现在已有80户在外买房，主要是在成都和乐至，一小部分人在镇上买房，但他们都不愿将户口迁入城市，村里宅基地也不愿意放弃，目前虽然空心化严重，但是地方还在计划建设新村聚居点，依托一个农村林业项目，由政府洽谈，此外还想建一个小学。

这样的情况使得我们不得不反思，我们一厢情愿认为农民工都愿意市民化，看来这个观点还需要仔细考虑。目前农民工市民化方面的研究，反映出新生代农民工市民化的意愿强烈，新生代农民工主要指80后、90后出生的，在城市务工的农民，他们已成为数以亿计的中国农民工的主要力量。但是50后、60后农民工——从目前来看新农村都是由他们买的单——到底是怎么想的，还是得深入调研。结合《新型城镇化过程中的四川农民工市民化研究》看一下，会对新农村空心化会有进一步的理解。

孟立联经过调查发现，根据年龄的不同，农民工对城市、对农村的感情和认识都有所不同，调查研究表明年龄的大小与市民化的意愿倾向呈负相关的关系，年龄越大市民化意愿越弱，年龄越小则市民化意愿倾向越强。35岁以下的农民工中，市民化意愿比例达79.11%；46岁及以上的农民工中，市民化意愿比例只有55.17%。所以基本上可以这样理解，目前有一定积蓄、具备支付能力的农民工，2个里面就有1个倾向于退休之后回家乡，他们愿意在政府的帮助下建设新居；这个年龄段另一半倾向于留城养老的，会另有多种复杂的原因，比如老人还在家乡或者不愿放弃宅基地，所以也有可能加入新农村的建设中。

新农村空置的现象，应该是一个阶段性的过程。新农村建设确实是自愿的，农民既然愿意掏出真金白银建房，说明就是有需求。地方政府在新农村建设中，应该把攀比建房的风气打压一下，对于新村建设应有更具体的要求，也要引导农户理性投资，按需建房。总之新农村现在空置，并不代表将来空置，更不能简单说完全就是浪费，因为实际上新农村的房屋是两证齐全的，将来土地政策如果进一步松绑的话，新农村的房屋土地就具有资产保值增值的意义，如果城乡土地市场能够实现一体化，那么新农村就会成为农民最大的资本。

（四）新农村与增减挂钩政策的联系

新农村建设的异化现象确实存在，但是不多。新农村和增减挂钩政策整合在一起，确实有挤占农民生存空间、为城市争取土地指标的嫌疑。但是将新农村建设说成是为增减挂钩服务的，唯一目的就是获得城镇建设用地指标，也是对地方政府的矮化。

我们看到的事实是，四川地方政府并没有强迫农民上楼，新农村也是自愿加入自愿建设的。而且如果熟悉地方增减挂钩的流程的话，就知道通过新农村建设获得建设用地指标然后变现是非常困难的。

首先，增减挂钩获得的土地指标是不能跨县区流转的，也就是说，成都的老板再有钱，也不可能把德阳的土地指标买到成都来用。德阳下面的什邡，获得指标之后也不允许卖给绵竹。增减挂钩获得的指标只能在本地使用，这一规定降低了土地指标的流通性和经济价值。我们在调研中，发现成都地区对于土地指标跨县区流转的愿望强烈，因为这样成都地区就可以去川东北购买指标了。目前的规定实际上是对落后地区的保护。前文说到搬罾的指标在南充用，经济效益显著，那是因为搬罾是归南充市顺庆区辖。所以大多数的地区，尤其是川东北的县，通过增减挂钩获得土地指标之后并无太大经济价值，如果指标用于开发区搞工业，政府还得赔本。

其次，增减挂钩实施过程很长，至少需要2~3年的周期。农民原有宅基地复垦后由农户自己承包经营耕种，这部分的收益归农民，复垦之后达到亩产指标之后，这一宗增减挂钩的项目才算完成，指标才能真正获得。地方项目一般建设周期要求很紧，不可能等着增减挂钩的米下锅。增减挂钩确实能够补充一部分城镇建设用地指标，但绝对不是建设用地构成的主要部分。

还有就是质疑新农村不顾农民生产生活方式，地点过远，就是为了把农民的宅基地腾出来。选址失当在初期也有，因为新农村建设的初期讲求规模，平坝地区都要做到300户，牵涉的农户多，耕种半径就很大。但现在对于建设规模并不强求，新建的项目30~50户较多，这样耕种半径一般都控制在1.5km左右，距离尚可。按目前省农工委的指导意见，一般新村20~50户即可，条件非常好的地区可以做到50~150户，50~150户的就不能称之为聚居点了，而是新农村综合体。

（五）新农村的规模控制

新农村占用了多少政府资源，还是得算账后看。截至2012年底，四川省累计建成新村16944个，涉及农户146万户。四川有181个县级单位，平均每个县有不到100个新村。事实上目前建成的新村并不多。所以指责目前新农村造成了严重浪费，可能还为时过早，因为毕竟目前只有大约500万农民享受到了新农村的政策，相对于四川的人口基数，新农村确实还处于"试点"阶段。

通过调研，令人担忧的是地方政府在新农村建设上放卫星，做过头。下文以资阳市的新农村建设方案为例进行分析。

到2020年，全市建设新农村综合体100个以上，建设新村聚居点5866个，覆盖全市所有行政村，聚居农户52.8万户。

这只是资阳一个市的想法，还有一个县就报出4500个新村居民点规划的。这样的规模，几乎就是把60%以上的农户都迁入新居（资阳明确提出农户入住新村率达到60%），我们经过调研，认为这样的新村建设规模不现实。目前的新村建设并没有失控，但是按照地方政府的想法强推下去，后果一定失控。

地方政府在新村建设的模式上，多数还是以政府为主导，并未很好地把握政府和市场的边界。单就从规划设计方面来讲，县级城乡规划主管部门掌握所有居民点的规划审批权，我们到苍溪去，全县在2015年之前大约要建设1500个新农村居民点。组织规划设计单位出方案，就让规划部门应接不暇了，更不用说筹措4000万左右的规划设计费。实际上四川省的农村，有很好的规划管理机制，比如成都的乡村规划师制度，如果能够充分发挥基层的主观能动性，单个居民点的规划设计完全可以实行乡村规划师负责制，只要符合规范要求和风貌控制，并不需要挨个组织审查。新村居民自主选择规划设计单位，自主雇用建设单位，在郫县三道堰镇青杠树村已经实施成功了。可见政府一是要科学合理地制定新农村的整体规模，二是要放手让基层自己去干，自发筹建的结果往往要比摊派建设好的多。

（六）新农村建设是不是统筹城乡发展的必经阶段和路径？

统筹城乡发展的直接目的就是改善农民的生产生活条件，农民的居住条件应持续改善，这是毋庸置疑的。所以新农村建设的大方向并无问题，而且应是一项长期任务，而不是一场昙花一现的运动。但是说到2015年或2020年就能将农户全面迁入新居，不现实也不科学。合理的情况应该是这样的：政府应长期支持农户改善住宅的需求，并不设置具体的时间或规模，只要农户愿意，条件允许，就可以开展新村建设，对地方也不应设置数量考核的指标要求。新农村聚居点的数量和规模都不是政策设置的目的和落脚点，只要农户愿意，政府就应支持，无论是在现在，还是在五年、十年之后，甚至更久远的将来。

农民生产生活条件的改善，也有很多方面的内容，并不只有住房条件改善这一项。"新农村建设"绝不只是"新房屋建设"，新农村建设应有丰富的内涵，目前来看比较重要和迫切的是农村社会保障相关的配套措施。

同时，新农村建设应有导向性，政府主导的新农村建设，应主要考虑工商资本不愿意进入的地区，如前文提到的牧民定居、彝家新寨、巴山新居、移民迁建等项目，政府把精力放在这些项目实施上，才能做到边远山区也能够实现基本公共服务均等化。而区域带动力较强的中心城区周边，新农村建设模式应更为灵活，政府应把握市场和计划的边界。

此外，新农村的建设应具有科学性，应把握区域城镇化发展的规律，充分调查研究农民工市民化的趋势和意愿，科学论证新农村的建设规模和建设时序，新农村建设需要区域人口流动的数据支持。这样才能做到新农村建设与新型城镇化协同发展。

三、地方产业发展

通过这次调研，总体上的印象是四川的产业发展非常多元，既能够承接沿海产业转移，也有本地产业集群的发展；既有三线建设时期的传统优势产业，也有新兴产业的央企正在抓紧布局。通过调研更加明确了一个判断，就是产业发展是统筹城乡发展的主要动力。产业调研的主要目的是为了弄清产业发展与统筹城乡发展之间的关系。

我们的想法是，通过调研能够指出哪些产业更有利于本地城镇化，更有利于统筹城乡发展。随着调研的展开，认清了目前西部地区实体经济面临的困境，所以进一步关注在统筹城乡发展中，应该为企业提供什么帮助，能够助力企业实现规模收益递增。对于地方来讲，产业发展方向的选择，要比怎么去做产业园的具体路径更为关键。地方产业发展的成败基本就在于发展方向的选择。再进一步讲，统筹城乡发展的水平几乎就是由产业发展方向的决策所决定的。所以对于省域城镇体系规划如何促进统筹城乡发展，目前的基本看法是抓住两个关键点即可：首先是城镇化的顶层设计，其次就是区域产业发展指引。

（一）空间不平衡

在很多经济地理学的论著中，首要的假设是不考虑区域之间的天生差异的，如在原料、气候特性、地表的崎岖不平程度、天然的运输方式等方面的差异，克罗农称这些天生差异为第一天性，第二天性就是指人类活动改变第一天性后的差异。尽管我们不认同天生决定论的观点，但我们经过四川的调研之后，认同了兰德斯的主张：地理学告诉我们的是很不愉快的事实，即像生命这种天性是不公平、不平衡的，而且那些天生的不公平是不容易补救的。

确实，四川各地在天生的不公平方面是很不容易补救的，所以调研的第一印象就是四川空间发展的不平衡。这些不平衡有的是由第一天性造成的，比如白酒产业集群，只会出现在宜宾、泸州和遂宁等水质、气候优越的地区，而天然气化工产业只会在川东北天然气富集区域聚集。还有一些不平衡是第二天性造成的，这些不平衡的原因可以在商品交换的各种关联性、生产要素的流动性以及市场运行中找到。

在调研的第二阶段，我们开始关注由第二天性造成的空间不平衡现象发生的机制。通过调研要弄清一个基本问题：随着近年来四川省交通通道的建设，商品和思想在空间上的大规模配置，商品配置和思想交流相关的各种成本急剧下降了，那么，是地区间经济共同繁荣了，还是经济空间的极化过程更进一步增强了。搞清楚这个问题，才能够评价四川省委省政府"多点多极发展"的战略部署。"多点多极发展"就是为了打破成—德—绵发展轴一家独大的局面，为川东北、川南城镇群寻求发展机会。

目前调研获取的经济数据和资料还未统计完全，无法从经济数据分析中得出判断。但是从土地要素分配的情况来看，似乎成—德—绵一家独大的情况在减弱，而川东北的一些地级市在崛起。比如巴中市，秦巴山区传统的落后地区，在2010年之前土地指标根本用不完，巴中就把自己的土地指标给成都用，为此巴中还得到了省里的表扬。从省里的土地利用结构指标来看，四川省基本上有一半或以上的土地是用来搞工业开发的，尤其对于发展加速中的城市来说更是如此。巴中在2010年之后，土地的供求关系发生了变化，市域工业园区用地迅速扩张，目前已经完成了67km²的工业园区规划，2012年底已经建成了9.5km²。虽然用地总量还不如成—德—绵一个国家级园区的占地规模，但是工业化的集聚确实已经起步了。这一现象在遂宁、广安、达州、南充等川东北城市都出现了。

再来看一下绵阳的情况。绵阳市域现在共有12个产业园区，含国家级2个，省级6个。但是这些园区都是2010年之前设立的，2010年之后园区的用地扩张就停止了。虽然仅凭用地扩张停止就判断产业发展停止也属片面，但这毕竟是一个事实，即绵阳的用地情况已经不支持开发区扩张了，我们可以看到最后设立的三个开发区分布在游仙、安县和金家林——已经把用地条件稍好的地方都占满了。所以目前绵阳继续推进"科技新城"项目的建设，用地选择非常困难。

从绵阳开发区的产业选择来看，电子相关产业的聚集度极高，12个产业园区有8家与电子信息产业相关。全市尤其是中心城区的产业同质化发展问题严重，特色不鲜明，竞争激烈（附表）。所以初步判断绵阳进一步用空间扩张推进产业集聚比较困难，而用技术提升来加速产业集聚，又有体制机制方面的瓶颈，比如军转民项目始终未能获得突破。德阳和绵阳的情况很相似，但德阳的情况更糟一些，因为德阳的三产发展十分薄弱。实际上德阳的公共服务大部分是由成都提供的，包括教育、医疗甚至是消费。德阳在2010年之后地方财政收入走入下降通道，目前国内装备制造、基础工业需求不足，市场低迷，所以在2010年之后德阳产业集聚的势头并不是很明显。

成都的产业虽然还在集聚，但是遇到了很多困难。北大童欣老师总结为：成都的产业集群战略，政府主导，企业迎合，实际效果差别大。这种现象简而言之是因为投资方向错位：央企重资源，地方政府重土地开发，民营资本过度竞争寻找避风港。

投资错位最大的问题在于，政策迎合投资偏好，忽视就业偏好。这是本地城镇化发展中应正视的问题。就是说，并不是什么企业，都能找到愿意来就业的当地劳动力。调研组还进一步认为，四川省人口资源丰富，但是成都的企业普遍招工难，是因为对于劳动密集型的大规模生产企业成本优势不明显。靠近家乡的工人的主动性更强，企业劳动控制力减弱；人才和劳动力政策重两端，轻中间层。外来企业的高管都是外地空降，本地招来的工人无发展空间，所以看纬创——一个典型的劳动密集型企业就遇到了很多困难。

纬创是台资企业，设计占地1327亩，最大产能900万台笔记本/月，一期2011年投产，约占1/5规模；总就业目标6万人，一期目标就业1万人，实际为8000人左右，政府帮助招人，90%为一线操作工，台湾管理人员20人左右。现在企业的困局在于，招工难，劳动控制难；市场需求不足，难以实现设计加工规模。

通过对纬创、大众、汉能、仁新等几个企业的调研，我们认为成都的产业集聚不能靠劳动密集型产业拉动。所以四川城镇体系规划产业发展专题把目光投向了私营经济、消费拉动和战略性新兴产业发展。私营经济作为就业增长的主要动力，关注其投资的产业和区位偏好，消费潜力决定了"多点多极"增长空间，战略性新兴产业引导区域协作与可持续转型。

根据以上的分析，初步判断成—德—绵传统发展轴带集聚的步伐变缓，而地区间经济共同繁荣的可能性增强。

（二）地级市产业园情况

与成—德—绵相比，四川其他地级市利用空间扩张吸引产业聚集的做法还很流行。仅以空间扩张判断产业集群并不可靠，而园区的发展质量才是考察的重点。除了成—德—绵之外，南充的产业园区很有看点，除了规模增速很快之外，部分园区正处于由综合型向专业型转型的阶段。

南充的产业园区在2007年不足20km²，现已建成52km²（不含已平整的16km²），共规划218km²用地。共有两个省级开发区，工业在园区的集中率达到66%。与绵阳不同，南充的产业园主业之间不存在恶性竞争，市域循环产业有条件形成但目前还未形成。能够有机会形成循环的产业主要是汽车制造和丝纺服装，汽车制造是传统优势产业，顺庆、营山、蓬安均有汽车配件，嘉陵有东风汽车整车制造；在丝纺服装方面亦有协作空间。

地方政府在做产业园时，有这样几个理念值得学习。

第一，做产业聚集的意愿特别强，要做就做行业领先的规模和水平。比如化工产业园，预期的是千亿元的产值。我们比较了一下南充和彭州，南充在做石化产业方面的优势要远大于彭州，但当时在决策时南充和彭州角力，很可惜的是最后的决策选址在彭州。现在南充正在进行的PTA项目产值和技术含量均比较理想，主要是南充确实具备做化工产业的条件。

第二，产业发展的思路很明确，招商引资不会随机引进与发展路线无关的项目。南充主要做油气化工、汽车汽配、丝纺服装、轻工食品这四大优势产业，其销售收入为1400亿元，占全市工业经济总量的93.3%。

第三，提高投资门槛，严控产业园区企业的质量。投资强度要求从80万元/亩（2008年）上升到120万元/亩，对于不符合发展要求的企业，政府出面收购。

我们经过调研，对南充的产业聚集还是比较有信心的，除了化工产业园外，高坪、南部、蓬安三个园区目前产值均超500亿，而这三个园区的主业分别为电子信息、机械机电（均为汽配相关）和轻工食品，规划期末面积均在20km²~30km²之间，选址也比较得当。南充产业发展面临的问题是新兴产业规模还偏小，目前比较有潜力的新能源、新材料还处于起步阶段且未形成规模。

另有一个反面的案例，即广安的产业园区目前发展并不理想，用地规模偏大，布局零散，而且新一轮城市总体规划的修编，并未将广安的产业发展纳入大的经济板块中分析。几个重要的问题没有解决，比如：广安的产业发展与重庆的关系，是做重庆的配套还是产业转移；瞄准哪方面的市场，是装备制造还是新材料；广安能不能做重庆的蔬菜肉食加工基地，重庆现在此类市场是否饱和，目前都有哪些地方在做。

我们认为新一轮的城市总体规划将规模做得那么大（2010年中心城区人口规模74万人，规划2030年170万人/172km^2），但是又缺少发展动力的识别，是非常危险的。这一轮调研下来，我们对于广安的发展前景看淡，如果没有找准方向，总是在搞几个零散的工业组团，而园区之间没有发展支撑和联系的话，产业聚集的可能性就偏低。另有一些危险的数据说明广安的产业在走下坡路。比如就业人数呈逐年下降的趋势——由2005年的228万人减少到2011年的211.82万人。另如土地财政难以持续：2013年1~6月本级财政收入为18.9亿（其中土地收入13.8亿），36个重大项目以BT形式建设，投资大于100亿，年利13%，三年后归还本利139亿，债务率高达370.5%。

此外，在本次调研中，多次听到总体规划要将中心城区建成"双百城市"——即人口规模100万、用地规模100km^2——的声音。如果仅有一个城市提这个目标，可能还具有合理性，但是如果这是一个口号式的、大家都在提的目标，就失去了科学性和合理性。总体规划对于城市规模应持有理性的态度，不应以将城市做到多大规模为规划的唯一目标。

（三）政府应怎样帮助企业

零地价和零税收，并不是帮助企业发展的好方法。这种地方政府之间的恶性竞争，只会造成企业在地区间流动，对地方的长期发展并无助益。我们算了一下目前企业拿地的成本，如果扣除地方政府对基础设施投入的资金，企业基本上都是零地价进入产业园区的。零税收更是饮鸩止渴，3年优惠期一到企业就流动到邻近的产业园重新来过。零地价和零税收都是地方政府为了招商引资而招商引资，并不是真正帮助企业的方法。

有两项举措是真正在帮助企业发展，首先是政府力推地方就业服务和职业培训。这次调研发现各地的就业服务基本上都在认真地做，政府积极帮助企业招工。德阳在这方面做得最到位，就业岗位信息直接发送到手机上。各地职业培训则发展水平不一。南充、遂宁做得比较好，培训是全免费的，因为中央对职业培训的补贴是800元/人，地方政府和企业再各出一点钱，基本就能解决培训经费的问题。有些地方的职业培训还需要抓紧发展。下面的一些县，就业人员接受职业培训的比例可达到50%，比如中江县每新增就业2万人，实际培训能达到1万人左右，计算已经包括职业学校的数据。差的地区，如巴中，农村劳动力培训名额少，仅占农村劳动力总数的2.9%，远远不能满足企业用工培训的需求。开展职业培训是城镇化发展的重要方面，将开展职业培训的情况和地方经济发展水平联系起来看，两者是正相关的。况且职业培训经费国家是有高额补助的，地方政府没理由做不好这方面的工作。

还有一个方面的工作，就是政府力推拉动内需的政策。比较有名的政策是家电下乡。温铁军认为，中国能够成功应对2008年之后的输入型经济危机，是以"三农"为载体实现的"软着陆"，得益于事先大规模对三农的投入和连续推出的惠农政策。比如，如果没有村村通水电，那么家电下乡就搞不成；如果没有村村通公路，汽车下乡也搞不成。家电下乡政策对整个产业链的支持是巨大的，尤其是对下游的企业。

彭州市天彭镇东门外光明村的任新设备，就是家电下乡政策的受惠者之一。这家企业处于整个家电产业链条的最末端，主要是做家电拆解、回收贵重金属和CRT显像管，同时也做设备拆解。现在国内专门做家电拆解的企业并不多，而且大多都在用这家的设备。苏宁、国美的门面每回收一台旧电视，国家给电商80元的补助，任新这样的企业就负责处理回收电器。在产能充足的时候，每天能处理4000台旧电视，每台电视里面的贵重金属价值200元左右，产值非常可观。而且任新的技术比较先进，是物理处理且没有污水废气排放。

但是家电下乡和以旧换新政策具有很大的不确定性，现在已经开展3期了，每期的政策均有差异，时间段也不稳定，所以这样的循环经济企业产能并不稳定，时常陷入无旧家电可拆的局面。政府和社区在旧家电回收方面也没有具体的支持措施，企业只能自己挨家挨户去回收旧家电。而实际上，政府应该投入足够的精力处理此类电子垃圾，比如设置社区回收点、加大拆解补助力度等。

政府能给企业提供的最重要帮助还不是政策，而是规范和稳定的市场。政府是订立游戏规则的，规则应严密，没有漏洞可钻。比如800元/人的职业培训补助，是中央政府拨款，有很多培训机构的唯一目的就是套取经费，而并不以培训工人为目的；家电下乡也有很多弊端，有一位村支书说，家电下乡产品的型号，总是最差最陈旧的；根据下游企业的反映，苏宁、国美这样的大电商在家电下乡以旧换新中大赚特赚，操作极不规范，即使根本没有回收到旧电视，也向国家上报回收指标，套取每台80元的补助；另有一些号称在做循环经济的企业，也是坐收国家的补助，一年也拆不了几天电器，设备仅是摆设。

（四）什么样的企业最有利于统筹城乡发展

产值最高的企业，并不一定对地方经济最有利，也不一定最有利于统筹城乡发展。我们有一个基本的判断，就是四川没有必要一味承接沿海产业转移，因为这部分产业肯定做不过安徽、河南、湖南和湖北，但西部地区却有近乎无限的市场机会，所以四川应立足本地市场，发展适合自己的产业。虽然现在暂时不能提出某种客观的标准，明确指出"哪些企业最有利于统筹城乡发展"，不过我们可以通过调研指出，"这样的企业我们非常推崇"。

申达实业于1998年6月成立，位于四川广元经济开发区王家营工业园区，注册资本3000万元，占地104亩，建筑面积2.86万m²，为农业产业化国家重点龙头企业。企业用工不多，但是人员素质较高。员工326人，大专以上人数15人，其中高级经济师1名，高级工程师3名，硕士研究生2名，本科毕业生5人，高级技师10名，技术骨干282人。

申达主要生产肠衣和肝素钠，生猪内脏来自本地供应，产品主要销往山东，出口美国、欧盟、俄罗斯等。申达建立"公司+农户+基地"的模式，保证原料供应，这样就在当地形成了一条稳定的产业链。与一些产业转移的企业相比，申达的用工、原料、相关配套都立足本地，是一家土生土长的企业。

我们非常推崇土生土长的中小企业，大部分的本地劳动力都是由这些企业负责吸收的。随着产业分工进一步细化，中小企业并不一定代表产能落后和技术水平低下，也不一定竞争力低下。并不是几个大企业入驻产业园，就能形成产业聚集。中小企业对于推动农民就近就业、实现农民就地职业化具有不可替代的作用。

我们认为，地方政府在招商引资中，有很大的随机性和不确定性，吸引来的大企业，各有各的考虑，有的是看上了用地条件——这是大多数企业的心思；有的是看上了政策优惠，还有的就是地方领导的个人关系。引进的企业能不能做好，是否顺应地方产业发展的方向，很多情况下全凭地方领导个人拍板。很多引进的大企业自带工人，外地来料，加工之后销往外地，再加上3年税收优惠期，地方政府简直无利可图，仅仅是数据上好看。而本土内生增长产生的中小企业，扎根当地，一点一滴的发展都与地方密切相关，无论是用工、市场、税收，都是看得见摸得着的。地方政府如果能够转换思维方式，就应该知道发展产业园区时应站在哪一边。

四、政策的细节

（一）扶持农民工的政策应细化

与城乡统筹发展的相关政策，有很多败在了细节上，虽然本意是好的，但是政策落实非常困难，政策的细节设置至关重要。

比如我们熟知的农民工返乡创业政策，在四川各地都有，但是农民工很难从政策中得到实惠，很多人连申请的流程都没走完，就选择放弃了优惠政策。在达州，返乡农民工创业的热情很高，截至2013年7月，全市共有5万余名农民工返乡创业，创办经济实体0.9万个，带动就业10万余人，创业企业年创造产值21.4亿元，占劳务总收入的14.2%。

但是达州有30%的返乡创业农民工，在办理手续的过程中放弃优惠政策的申请，非常可惜。我们仔细解读一下相关政策，就能理解农民工为什么申请不到相关优惠政策了。根据川府发［2008］43号文件规定，返乡农民工创业方面有以下优惠政策：

一是享受免费创业培训、项目开发、开业指导、政策咨询等服务。二是工商登记、准入条件、经营范围、注册资本等方面比照城镇下岗失业人员创业的优惠政策执行。三是税收政策从2009年1月1日起，按照缴纳营业税的起征上调整为日营业额5000元。四是信贷政策方面，从事种养殖的，给予小额信用贷款支持，在城镇创业就业人员纳入小额担保贷款政策扶持范围，对吸收失业返乡农民工就业达到一定比例的劳动密集型小企业、享受劳动密集型小企业贷款政策。五是土地扶持政策方面，支持返乡农民工利用存量集体建设用地，以及闲置土地、闲置厂房和荒山、荒滩等场地回乡创业，从事农业生产的，按有关复耕及农民的政策执行。

政策包括了培训、工商管理、税收、信贷、土地五方面的内容，不可谓不全面，但是除了工商、税收方面有明确的操作标准以外，其他几项都是虚的。"支持"、"鼓励"，但是没有具体的操作标准和负责部门，农民工就很难得到实惠。

达县的工商部门积极落实了政策，返乡创业的农民工有绿色通道，可享受"一站式"办公和"一条龙"服务。工商部门降低创业门槛，简化登记程序，缩短办照时间，对创业农民工实行即来即办、优先受理、快速发照。2012年初至2013年8月，该局共帮助1500名返乡农民工实现了劳动力转移。其中，有620名农民工通过经商办企业，在家乡实现了自主创业；900名返乡农民工在家乡的个体私营企业找到了新的工作岗位，实现了就业。

四川各地农民工回流是一个趋势，以资阳市为例，截至2012年底，全市共505.85万人，输出162.17万农村劳动力。近两年来，每月平均有2万农民工返乡，这2万人中，1.7万人属正常返乡，仅有0.3万人属失业返乡。正常返乡的1.7万人中，有0.35万人选择自己创业。我们认为这是四川地方经济发展的积极信号，地方政府在返乡创业政策的细节上还应下大力气，提高申请成功的比例。

（二）农村产权制度改革的相关政策应更充实

四川省在摸索农村产权制度改革方面，不断在体制机制上探索突破，创造了一系列富有特色的城乡统筹发展机制和模式。总结下来有：土地股份合作社、土地股份公司、家庭适度规模经营、土地银行、业主租赁经营、大园区小业主等多种流转模式。它们总体的思路和做法差别不大，由政府确立基本原则和工作流程，具体土地流转的事项的处理，都是依托村民议事会、村民理财小组等村民自治组织，按照习惯性原则和相关法律规定的议事程序推进，办事效率较高，农民也感觉公平合理，乐于接受。我们认为土地流转方面的政策安排已经趋向成熟，但是与土地流转相关的配套政策体系，还有待进一步完善。

比如成都锦江区的做法就比较到位，按照"失地不失权、失地不失业、失地不失利"的原则，构建了城乡一体的保障体系，失地农民的就业率、社会养老保险参保率达到92%，老龄农民同城市居民一样享有养老金，低收入农民也享有城市最低生活保障金。这些规定创新了农民放弃宅基地使用权和土地承包经营权换取社会保障的"双放换社保"机制，盘活了土地资源。

除了成都以外，多数市州在农村产权制度改革的相关政策方面还处于试点阶段，希望能尽快看到比较明确细致的配套政策。还需指出的是，成都从2004年起就逐步取消了农业和非农业的户口性质划分，按实际居住地登记为"居民户口"，实行一元化户口登记制度，在建立城乡统一的新型户籍管理制度上走在全国前列。这项工作是基础性的，是其他相关政策设计的前提条件。

四川省在农村集体土地相关政策方面的探索，也印证了奥斯特罗姆的主张。一直以来有很多"公地悲剧"的研究，建议国家对绝大多数自然资源实施控制；另有一些人则认为把自然资源私有化就能解决问题。但是事实是，无论国家还是市场，在使个人以长期的、建设性的方式使用自然资源系统方面，都失败了。而许多社群的人们，既不同于国家也不同于市场的制度安排，却在一个较长的时间内，对某些资源系统成功地实现了适度治理。集体土地就是这样，完全由国家控制，农民失去积极性；完全私有化，又会动摇执政的根基。所以关于集体土地的研究，不应再围绕国有还是私有打转，总结出一套行之有效的政策方案才是正道。

五、看不见的农村：农村社会何以来维系

（一）基层民主的发展

农村社会似乎是隐形的，身边接触不到，传媒上看不到，甚至高速公路两侧都不见踪影。小镇上没有多少人，赶集这种事情几年前就停了。几千年来中国社会生活的主要舞台是乡村，这点与西方社会以城邦为核心完全不同。一夜之间中国的农村社会似乎停止了运转。有一些乡镇干部甚至有这样的观点，说取消农业税之后，农民根本没有国家意识，根本没法组织也没法管理。农村社会显然人是变少了，那么，真实情况是怎样的？基层社会组织是增强了，还是真的削弱了呢？

通过调研我们形成这样一个观点，在基层农村，政府的管理职能正在退出，管理职能正在向社会引导和服务职能发展；主要的农村事务，是依靠村级事务民主管理解决。所以从政府的角度来看，政府行政力正在撤出，服务在增加；从农民的角度来看，大多数的事政府不管了，如果有事要商量，村民议事会讨论一下就能决定。从大的发展趋势来看，支农项目政府不会再大包大揽了，以民办公助的方式解决比较合理；农村小型公共基础设施，也将由村民自建，由政府进行补贴。所以可以理解为，农村基层社会组织的行政管理色彩在弱化，基层自治的力量在增长。

我们认为这样的路径是可行的，政府在基层农村，最重要的任务是做好基本公共服务均等化，或者不直接做，向社会购买基本公共服务也可以。以农村基层民主推进城乡统筹发展，是扎实稳妥的。

我们分析一下土地流转过程中政府的角色，基本上就能感觉到这一微妙的变化。在土地流转试点的初期，成都最先开展，方式是由政府力推的。成都市委、市政府出台了《关于统筹城乡经济社会发展推进城乡一体化的意见》，印发了涉及县乡财政体制、农业行政管理体制、户籍管理制度、土地流转办法、社会保障等方面的政策、制度文件40余个，形成了较为完善的统筹城乡发展政策体系。

以郫县为例，改革初期的土地流转，是由政府一手操办的。

郫县在唐元镇长林村进行了土地整理，节约出的263亩农村建设用地，被平移到该县县城规划区内的犀浦镇，经依法批准作为经营性用地公开拍卖，实现土地收益11亿元，其中0.5亿元还给长林村用于拆旧建新、公共配套，0.8亿元用于犀浦镇拆迁补偿，5亿多元用于缴纳税费、土地出让金、耕地保护基金以及社保住房基金，剩下的4亿元由县政府调配用于城镇建设。这是2008年的事情。

发展到2012年，郫县三道堰镇青杠树村已经基本实现了土地流转自行操作。前文提到，农民自主实施土地综合整治、集体建设用地开发、农村产权抵押融资，青杠树村的着眼点在于"自由"二字。不只在郫县，在经济发展相对滞后的简阳，土地的流转项目政府力也在减弱。

请看一组数字：简阳市丹景乡、武庙乡联合在一起试点土地流转项目，这两个乡一共有10个村，2572户农户，其中自愿参加的农户有892户。这892户农户中，只有160户是通过政府统一安排迁入了2个集中的聚居点，其余农户还是选择分散居住。政府也并未强迫大家必须集中安置。但是政府进行了政策引导，愿意集中安置的，额外补助3.5万元建房经费。在整个项目实施过程中，规划设计方案、施工单位的确定、补偿方案的制定这三项重大事务，均由村民议事会讨论通过。如果没有村民自组织，也没有议事会的协调，目前的土地流转是不可能通过并得以实施的。

所以现在四川农村的事务，牵涉到生产经营的，找合作社；牵涉到土地流转的，找村民议事会，政府负责介绍项目。有点"一切权利归农会"的意思。我们走了十几个市州，没有发现哪一个农村土地流转项目是强迫的。调研之前我们在网络上看到了很多骇人听闻的拆迁事件，媒体把当前农村描述得一片漆黑，不过至少在我们调研的范围内，这样的事情没有听闻。唯一的一次听农民讲负面问题，是在绵阳市三台县永新镇崭山村。

"我们的房子质量不好，刮大风掉瓦。"

"这是县里的形象工程，给我们修房子就是为了领导来看米枣园"。

"那修房子你们自己出钱了没？"

"没。"

虽然有点掉瓦，但是毕竟自己没出钱。崒山村没有搞集中建房，因为家前屋后都是高产枣园，所以搞了些平改坡项目以改善山村形象。为了树立"崒山米枣"的品牌，吸引绵阳的游客来观光消费，县里特意在山顶修了一个平台用来观赏山村枣园的景致。实事求是地讲，很不错。

（二）传统文化

新旧乡土中国都有特定的时代背景，江村那样的地方，肯定很难再完整地找出来。但是《新乡土中国》中描述的情况，这十几年来也有了巨大的改变。到底是"熟人社会"，还是"半熟人社会"？现在的情况更为复杂，有的地方居然还和江村有点像，就是所谓"乡村精英"都跑到了城里，行政村里面建成了新的居民点，生活的都是老幼妇孺，那当然是熟人社会，"每个孩子都是在人家眼中看着长大的，在孩子眼里周围的人也是从小就看惯"；另有一些乡村变成完全的大众社会，搞旅游搞产业，充满了投资者和游客。不过就目前的发展趋势来看，未来大多数的乡村应该向大众社会的方向发展，这与土地流转的趋势分不开。

再引用费孝通先生的一席话：

"在社会学里，我们常分出两种不同性质的社会，一种并没有具体目的，只是因为在一起生长而发生的社会，一种是为了要完成一件任务而结合的社会……前者是"有机的团结"，后者是"机械的团结"。用我们自己的话说，前者是礼俗社会，后者是法理社会。"

现在的情况是，农村社会同时兼有这两者的特点，因为大家不仅自然而然地生活在一起，还要共同完成所谓"城镇化"的任务——有些是自愿，有些是被裹挟。所以我们不得不考虑两套维系乡村社会的体系，一套是前文提到的农村基层民主，用来讲法理；另一套是中国传统文化，用来谈礼俗。

四川各地遗存的历史文化名镇名村众多，各地政府都将这些名镇名村作为城乡统筹发展的重点。有一个现象让我们忧虑，就是这些古镇看上去越来越相似。实际上这些古镇分布很广，从秦巴山区到成都平原，即从巴山到蜀水，风貌特色布局形制本身差别甚大，但是经过地方政府的旅游包装，从经营的商品到店铺的装修，还有整体的运行模式，几乎都差不多。地方文化的差异，并没有通过古镇遗留和表达出来。我想将来这些古镇，应当寻求差异化的发展路径。

还有一个观点，实在不可取。有的地方政府认为，修建假古董没什么大不了，所以很多古镇其实都在扩张。他们的解释是：现在是假古董，但是过几十上百年，就是真的了。我们的回答是，假的就是假的，永远变成不了真的。因为建设的目的和本意不同，假的不具备文化的原真性。

有很长一段时间，我都在考虑在城乡统筹规划的研究中，是否要考虑中国传统文化的要素，现在看来，不考虑传统文化的城乡统筹规划是粗鄙的。四川这个地方，有巴人、有蜀人，有藏人、有羌人，有彝人、有苗人。维系各地乡土的礼法规则完全不同，新农村建设也发现了这一点，所以会有"牧民定居、彝家新寨、巴山新居"这样的类型划分，但这还远远不够，仅从建筑形制上突出地方文化特点，显然十分单薄。如果想让各地农民从心里接受城乡统筹的安排，就必须尊重地方传统文化的源流。

六、调研总结：城乡统筹规划到底在统筹什么

从2011年下半年开始，法制委员会和常委会法工委立足城乡统筹的生动实践，开展课题调研和实证研究，目前已经完成了调研工作。调研报告以新制度经济学视角，对成都、重庆等地城乡统筹的经验做法和相关制度创新作了全景式的比较描述分析。调研的着眼点在于围绕农房、承包地、宅基地、新农村综合体展开的经济行为。立法的核心问题就是土地要素的保障问题。

地方立法与城乡统筹规划密切相关，我们此次调研也是围绕土地要素展开的。虽然同是关注土地要素，但是我们更加关心土地要素流转有法可依之后，城镇化的发展会发生哪些变化。这就引出了一个核心问题，城乡统筹规划到底在统筹什么。我想在当下这个关口，城乡统筹规划统筹的是"被期待的利益"。这些"被期待的利益"，有的是以"空间"的形式出现，有的是以"关系"的形

式出现，还有的是以"规则"的形式出现。其中最关键的还在于"规则"。

卡尔维诺说：

"正如所有的经济书籍所解释的，城市是一些交换的地点，但这些交换并不仅仅是货物的交换，它们还是话语的交换，欲望的交换，记录的交换……"

现在这些交换活动并不仅限于在城市进行，在广袤的城乡之间，交换持续而热烈。城乡统筹规划将为之订立新的规则。这些规则包括发展的规则、公共服务的规则和空间分配的规则。

这样一来，界定"城乡统筹规划"的方式就清晰了，也就可以开始确定城乡统筹规划的概念范围，同时也可以开始探讨城乡统筹规划的理论基础、研究方法和研究工具。我想在最终的研究报告中，应有重要的篇幅结合国内城镇化的发展背景，分析城乡统筹规划的发展趋势和导向。

附表：绵阳市产业园区发展情况一览表

园区名称		高新区	经开区	科创区	游仙经济开发区	金家林总部经济试验区	四川江油工业园区
设立年份		1992/11/1	2001/7/1	2001/8/1	2010/5/1	2010/4/1	1992/7/1
等级		国家级	国家级	省级	省级	省级	省级
园区面积	规划面积（km²）	106	35.6	12.89	36.88	27	28.02
	已建成面积（km²）	28	17.2	8.94	7	1.5	9.39
产业发展定位		电子信息、汽车及零部件、新材料	电子信息、化工环保、食品及生物医药	电子信息、节能环保	节能环保、机械及汽车零部件、电子信息	电子信息、新材料、精密仪器制造	冶金机械、食品药品
现状企业数量		84	67	14	74	10	94
工业用地投资强度（万元/亩）		200	251.2		156	136	147.8
建成面积/规划面积		0.26	0.48	0.69	0.19	0.06	0.34
2012年工业总产值（亿元）		698.64	391.2	43.8	179.5	3.4	223.1

续表

园区名称		高新区	经开区	科创区	游仙经济开发区	金家林总部经济试验区	四川江油工业园区
设立年份		2010/7/1	1993	2002/6/1	2002/4/1	1997	1992/7/1
等级		省级	省级	省级			
园区面积	规划面积（km²）	17.82	35	12.87	7	14.3	3.47
	建成面积（km²）	6.64	3.74	1.2	1.5	7.82	
产业发展定位		汽配、电子技术、医药	机械制造、医药食品、纺织服装	电子信息、新材料、食品药品加工	食品、轻纺、电子机械	机电制造、建材代工、医药食品	林矿产品加工、新能源新材料、医药
现状企业数量		54	80	3	34	36	3
工业用地投资强度（万元/亩）		126	102	197	124.5	121.6	
建成面积/规划面积		0.37	0.11	0.09	0.21	0.55	
2012年工业总产值（亿元）		110.7	100.1	5	63.3	35.9	1.8

参考文献

［1］叶裕民，焦永利. 中国统筹城乡发展的系统构架与实施路径——来自成都实践的观察与思考［M］. 北京：中国建筑工业出版社，2013.

［2］（美）赫伯特·马尔库塞. 单向度的人——发达工业社会意识形态研究［M］. 刘继译. 上海：上海译文出版社，2008.

［3］潘明秋. 中国特色的"哑铃式"民主与中国社区的发展［EB/OL］. 2014. http://www.21ccom.net/articles/zgyj/gqmq/article_2014010698351.html

［4］赖海榕. 民主并非选圣贤而在释放社会创造力［EB/OL］. 2014. http://laihairong.blog.21ccom.net/?p=50

［5］宣迅. 城乡统筹论［D］. 成都：西南财经大学学位论文，2004.

［6］叶裕民，李晓鹏. 统筹城乡发展是对完善社会主义市场经济体制的有效探索［J］. 城市发展研究，2012，3.

［7］（英）埃比尼泽·霍华德. 明日的田园城市［M］. 金经元译. 北京：商务印书馆，2000.

［8］（美）刘易斯·芒福德. 城市发展史：起源、演变和前景［M］. 宋俊岭，倪文彦译. 北京：中国建筑工业出版社，2005.

［9］王华，陈烈. 西方城乡发展理论研究进展［J］. 经济地理，2006，5.

［10］刘荣增. 城乡统筹理论的演进与展望［J］. 郑州大学学报，2008，4.

［11］薛晴，霍有光. 城乡一体化的理论渊源及其嬗变轨迹考察［J］. 经济地理，2010，11.

［12］林广. 新城市主义与美国城市规划［R］. 美国研究，2007，4.

［13］田光明. 城乡统筹视角下农村土地制度改革研究［D］. 南京：南京农业大学学位论文，2011.

［14］赵彩云. 我国城乡统筹发展及其影响要素研究［D］. 北京：中国农业科学院学位论文，2008.

[15] 江明融. 公共服务均等化论略 [J]. 中南财经政法大学学报, 2006, 3.

[16] 江明融. 公共服务均等化问题研究 [D]. 厦门: 厦门大学学位论文, 2007.

[17] 朱斌. 统筹城乡发展制度创新研究 [D]. 兰州: 兰州大学学位论文, 2006.

[18] 郑治伟. 城乡统筹背景下的重庆市产业集聚实证研究 [D]. 重庆: 重庆大学学位论文, 2010.

[19] 张蕊. 基于城乡统筹的我国投资配置研究 [D]. 哈尔滨: 哈尔滨工业大学学位论文, 2007.

[20] 叶裕民. 成都统筹城乡发展中的社会治理创新 [J]. 杭州 (我们), 2011, 7.

[21] 吴康明. 转户进城农民土地退出的影响因素和路径研究 [D]. 重庆: 西南大学学位论文, 2011.

[22] 葛信勇. 农民工市民化影响因素研究 [D]. 重庆: 西南大学学位论文, 2011.

[23] 叶裕民. 社区是社会管理和公共服务的基石——以成都市为例 [J]. 城市管理与科技, 2012, 1.

[24] 汪光焘. 城乡统筹规划从认识中国国情开始——论中国特色城市化道路 [J]. 城市规划, 2012, 1.

[25] 赵英丽. 城乡统筹规划的理论基础与内容分析 [J]. 城市规划学刊, 2006, 1.

[26] 成受明, 程新良. 城乡统筹规划研究 [J]. 现代城市研究, 2005, 7.

[27] 仇保兴. 城乡统筹规划的原则、方法和途径 [J]. 城市规划, 2005, 10.

[28] 李兵弟. 城乡统筹规划: 制度构建与政策思考 [J]. 城市规划, 2010, 12.

[29] 李兵弟. 中国城乡统筹规划的实践探索 [M]. 北京: 中国建筑工业出版社, 2011.

[30] 曾悦. 三分编制七分管理——成都城乡统筹规划经验总结 [J]. 城市

规划，2012，1.

［31］陈小卉，徐逸伦. 一元模式：快速城市化地区城乡空间统筹规划——以江苏省常熟市为例［J］. 城市规划，2005，1.

［32］钱紫华，何波. 东西部地区城乡统筹规划模式思辨［J］. 城市发展研究，2009，3.

［33］杨保军. 从实践中探索城乡统筹规划之路［J］. 中国建设信息，2009，4.

［34］赵万民，赵民，毛其智. 关于城乡规划学作为一级学科建设的学术思考［J］. 城市规划，2010，6.

［35］张庭伟. 梳理城市规划理论——城市规划作为一级学科的理论问题［J］. 城市规划，2012，4.

［36］郑国，叶裕民. 中国城乡关系的阶段性与统筹发展模式研究［J］. 中国人民大学学报，2009，11.

［37］朱晨，岳岚. 美国都市空间蔓延中的城乡冲突与统筹［J］. 城市问题，2006，8.

［38］王旭，罗思东. 美国新城市化时期的地方政府——区域统筹与地方自治的博弈［M］. 厦门：厦门大学出版社，2009.

［39］曹伟. 城乡统筹发展下区域土地精明利用模式研究［D］. 南京：南京大学学位论文，2011.

［40］肖冉超，蒋滕慷，刘丹. 城乡统筹下多层次全方位农村资金运营体制构建——对美国农村发展中的资金运营制度的思考［J］. 中小企业管理与科技，2009，6.

［41］王德，唐相龙. 日本城市郊区农村规划与管理的法律制度及启示［J］. 国际城市规划，2010，2.

［42］郭建军. 日本城乡统筹发展的背景和经验教训［J］. 农业展望，2007，2.

［43］王雷. 日本农村规划的法律制度及启示［J］. 城市规划，2009，5.

［44］孔祥利. 战后日本城乡一体化治理的演进历程及启示［J］. 新视野，2008，6.

［45］孙娟，崔功豪. 国外区域规划发展与动态［J］. 城市规划汇刊，2002，2.

［46］仇保兴. 论五个统筹与城镇体系规划［J］. 城市规划，2004，1.

［47］殷为华. 基于新区域注意的我国新概念区域规划研究［D］. 上海：华东师范大学学位论文，2009.

［48］吴超，魏清泉. "新区域主义"与我国的区域协调发展［J］. 经济地理，2004，1.

［49］罗小龙，沈建法，陈雯. 新区域主义视角下的管治尺度构建——以南京都市圈建设为例［J］. 长江流域资源与环境，2009，7.

［50］（美）约翰·弗里德曼. 区域规划在中国——都市区的案例［J］. 罗震东译. 国际城市规划，2012，1.

［51］（美）戴维·鲁斯克. 没有郊区的城市［M］. 王英，郑德高译. 上海：上海人民出版社，2011.

［52］（美）罗伯特·D·亚罗，托尼·西斯. 危机挑战区域发展——纽约—新泽西—康涅狄格三州大都市区第三次区域规划［M］. 蔡瀛译. 北京：商务印书馆，2010.

［53］罗思东. 城市政策与大都市区政府的复兴——评戴维·鲁斯克的《没有郊区的城市》［R］. 美国研究，2003，4.

［54］洪世键，张京祥. 新区域主义视野下的大都市区管治［J］. 城市问题，2009，9.

［55］张京祥. 西方城市规划思想史纲［M］. 南京：东南大学出版社，2005.

［56］LeGates，Stout. The City Reader［M］. 5th ed. Routledge，2011.

［57］（日）藤田昌久，（美）保罗·克鲁格曼. 空间经济学——城市、区域与国际贸易［M］. 梁琦译. 北京：中国人民大学出版社，2011.

［58］（英）布莱恩·劳森. 设计思维——建筑设计过程解析［M］. 范文兵，范文莉译. 北京：水利水电出版社，2007.

［59］谷凯. 城市形态的理论与方法［J］. 城市规划，2001，12.

［60］段进，比尔·希列尔. 空间句法与城市规划［M］. 南京：东南大学出版社，2007.

［61］王建国. 现代城市设计理论与方法［M］. 南京：东南大学出版社，2001.

［62］卢济威，于奕. 现代城市设计方法概论［J］. 城市规划，2009，2.

［63］刘贵利. 城市规划决策学［M］. 南京：东南大学出版社，2010.

［64］李惟科. 可拓城市规划决策研究［D］. 哈尔滨：哈尔滨工业大学学位论文，2011.

［65］张庭伟. 城市治理与公众参与:以中国城市为例［J］. 杭州（我们），2010，11.

［66］王晓川. 走向公共管理的城市规划管理模式探寻［J］. 规划师，2004，1.

［67］叶祖达. 城市规划管理体制如何应对全球气候变化［J］. 城市规划，2009，9.

［68］林立伟，沈山，江国逊. 中国城市规划实施评估研究进展［J］. 规划师，2010，3.

［69］宋彦，江志勇，杨晓春. 北美城市规划评估实践经验及启示［J］. 规划师，2010，3.

［70］拉卡兹. 城市规划方法［M］. 北京：商务印书馆，1996.

［71］周其仁. 城乡中国（上）［M］. 北京：中信出版社，2013.

［72］李海梅. 统筹城乡背景下四川农村"空心化"问题及对策［J］. 成都师范学院学报，2013，2.

［73］徐显明，曲相霏. 人权主体界说［J］. 中国法学，2001，2.

［74］罗纳德·H·科斯，王宁. 变革中国——市场经济的中国之路［M］. 北京：中信出版社，2013.

［75］（美）布莱恩·贝利. 比较城市化［M］. 顾朝林等译. 北京：商务印书馆，2010.

［76］成都市规划管理局，成都市规划设计研究院. 优化全域成都规划，推

动城乡发展转型升级 [R]. 2013.

[77] 柏良泽. "公共服务"界说 [J]. 中国行政管理，2008，2.

[78] 贺雪峰. 地权的逻辑 [M]. 北京：东方出版社，2013.

[79] 郑时龄. 全球化影响下的中国城市与建筑 [J]. 建筑学报，2003，2.

[80] 徐千里. 全球化与地域性——一个"现代性"问题 [J]. 建筑师，2004，6.

[81] 吴志强，于泓. 城市规划学科的发展方向 [J]. 城市规划学刊，2005，6.

[82]（英）哈维. 新帝国主义 [M]. 初立忠，沈晓雷译. 北京：社会科学文献出版社，2009.

[83] 陆铭. 空间的力量——地理、政治与城市发展 [M]. 上海：上海人民出版社，2013.

[84]（美）埃莉诺·奥斯特罗姆. 公共事务的治理之道 [M]. 余逊达，陈旭东译. 上海：上海译文出版社，2000.

[85] 尹鸿伟. 四川政改调查：中国基层民主创新最活跃地区 [J]. 南风窗，2010，8.

[86] 王雷. 日本农村规划的法律制度及启示 [J]. 城市规划，2008，5.

[87] 邱建林，苏自立，卢涛等. 统筹城乡背景下的城乡规划地方性立法探索——以《重庆市城乡规划条例》为例 [J]. 城市规划，2010，1.

[88]（德）马克斯·韦伯. 社会学的基本概念 [M]. 顾忠华译. 广西师范大学出版社，2005.

[89]（美）托马斯·R·戴伊. 理解公共政策 [M]. 北京：中国人民大学出版社，2009.

[90] 洪世键. 大都市区治理——理论演进与运作模式 [M]. 南京：东南大学出版社，2009.

[91]（澳）多莱里，马歇尔，沃辛顿. 重塑澳大利亚地方政府——财政·治理与改革 [M]. 刘杰，余琪景，张国玉译. 北京：北京大学出版社，2008.

参考文献 235

［92］冯兴元. 地方政府竞争——理论范式、分析框架与实证研究［M］. 南京：译林出版社，2010.

［93］刘淑妍. 公众参与导向的城市治理——利益相关者分析视角［M］. 上海：同济大学出版社，2010.

［94］李晓江，张菁，彭小雷等. 城乡统筹视野下城乡规划的改革研究［R］. 中国城市规划设计研究院. 2012.

［95］辽宁省委政策研究室. 系统梳理中央支持东北地区等老工业基地有关政策举措的落实情况［R］. 2012

［96］黄孙权. 三种脉络，三个方法——谢英俊建筑的社会性［J］. 新建筑. 2014，1.

［97］汤海孺，柳上晓. 面向操作的乡村规划管理研究——以杭州市为例［J］. 城市规划. 2013，3.

［98］王凯. 从"梁陈方案"到"两轴两带多中心"［J］. 北京规划建设. 2005，1.

［99］陶然，魏国学. 四川省城镇体系规划城乡统筹研究报告［R］. 2013.

［100］秦晖. 共同的底线［M］. 南京：江苏文艺出版社，2013.

［101］邱继勤，邱道持. 重庆农村土地交易所地票定价机制探讨［J］. 中国土地科学，2011，10.

［102］程又中. 外国农村公共服务研究［M］. 北京：中国社会科学出版社，2011.

［103］周黎安. 中国地方官员的晋升锦标赛模式研究［J］. 经济研究，2007，7.

［104］孟登科，王清. 温哥华：全民规划"烂摊子"［J］. 南方周末，2010.

［105］（美）安德烈斯·杜安伊，杰夫·斯佩克. 迈克·莱顿精明增长指南［M］. 王佳文译. 北京：中国建筑工业出版社，2014.

［106］陶然. 论"城中村"与"城郊村"集体建设用地入市新模式［J］. 东方早报，2012.

［107］吴晓燕. 农民、市场与国家：基于集市功能变迁的考察［J］. 理论与改革，2011，3.

［108］奂平清. 华北乡村集市变迁与社会结构转型［D］. 中国人民大学博士学位论文. 2005.

［109］马永辉. 新中国农村集市贸易史研究综述［J］. 党史研究与教学，2004，6.

［110］刘滨谊. 城乡绿道的演进及其在城镇绿化中的关键作用［J］.风景园林，2012，6.

［111］郑杭生，黄家亮. 当前我国社会管理和社区治理的新趋势［J］. 甘肃社会科学，2012，6.

［112］钱穆. 文化学大义［M］. 九州出版社，2011.

［113］方东美. 从比较哲学旷观中国文化里的人与自然. 1960.

［114］孙庆忠. 离土中国与乡村文化的处境［J］. 江海学刊，2009，4.

［115］（美）马歇尔·萨林斯. 甜蜜的悲哀［M］. 王铭铭等译. 上海：生活·读书·新知三联书店，2000.

［116］方东美. 生命情调与美感. 1931.

［117］O.Spengler. The Decline of The West，vol.I.

［118］钱穆. 中国历代政治得失［M］. 北京：九州出版社，2012.

［119］王凯. 50年来我国城镇空间结构的四次转变［J］. 城市规划，2006，1.

［120］百度百科. 晏阳初平民教育［EB/OL］. http://baike.baidu.com/link?url=jkTnphj-9vNOo4Yexa2NhWo8bhkd15NWd4JevthZo3dE_JgV-86b461_UI11yl2E

［121］莫兰. 城镇化背景下平民教育如何突围［J］. 中国妇女报，2013-12-15.

［122］惠婷. 尽快建立教育用地储备制度［J］. 河南日报，2010-8-27.

［123］教育均衡发展成都落实得好［J］. 成都日报，2014-4-3.

致　谢

　　首先我要感谢导师杨保军院长，让我有机会开展城乡统筹规划方面的研究工作。杨院长对本书写作的全过程给予了精心的指导，在向杨院长汇报研究进展时，杨院长多次指出研究一定要理论联系实际，要有鲜活的案例，并且能够实实在在地解决现实的矛盾和问题。随着研究的逐步深入，我从杨院长那里学到，规划研究不应止于空谈，规划师应承担社会责任，以求真务实的精神面对时代的发展变化。

　　同时我要感谢导师叶裕民教授，研究期间多次聆听叶老师讲授中国城镇化发展的新趋势，我理解了"人的城镇化"的具体内涵和实现路径。叶老师带领我在四川、印尼和日本实地调研，获得了国内外城镇化发展的一手资料；回国后在叶老师的指导下，进一步完善了本书提纲并按时完成了写作。

　　感谢王凯院长提供的科研、学习机会以及对本书的认真审阅和指导。在本书写作的过程中，王静霞院长、陈锋书记、张菁总工、靳东晓所长都给予了认真的评议，提出了宝贵的意见；曲毛毛处长为各次评审会的组织付出了宝贵的时间和精力，在此一并表示感谢。

　　博士后在站期间，我在研究一室得到了领导和同事的关怀，两年的学习工作经历是充实而愉快的。感谢殷会良、董珂两位主任对本书的支持，陈明博士、张莉博士的部分观点和认识让我深受启发，在站期间与张云峰、徐辉、肖莹光三位同志共同完成了一些规划项目，这些实际案例对完成研究大有帮助。

　　最后感谢家人对我的理解和支持！